职业院校增材制造技术专业系列教材

3D 建模与打印实战项目教程

主　编　陈冲锋　黄斌斌　林静辉

副主编　程磊焱　崔凯冬　沈文彬

参　编　刘　琳　季晓宝　蒋自文　陈孝和

李　鹏　汤永璐　许　强　贾火炬

李化山　左　平　钟　勇　郁　艳

郭海波　李思文　何福蓉　周　强

机械工业出版社

本书是以培养增材制造技术的应用型人才为目标，按照增材制造设备操作员（中级）的考核要求编写而成的。

本书在内容上细致全面，对学生未来走上工作岗位具有指导性意义；在结构上，从职业院校学生的基础能力出发，遵循专业理论的学习规律和技能的形成规律，根据3D建模的特点划分项目教学模块，按照由浅入深、由易到难的顺序，设计了一系列典型案例，学生可在项目引领下学习3D建模相关理论和技能，避免理论教学与实践相脱节；在形式上，项目2~项目6通过任务目标、任务描述、任务实施和任务评价等形式，引导学生明确各项目的学习目标，学习与项目相关的知识和技能，并适当拓展相关知识，强调了在操作过程中应注意的问题，及时总结与反馈。

本书可作为职业院校增材制造技术专业的教材，也可作为培训机构和企业的培训教材，还可作为相关技术人员的参考用书。

本书配有电子课件，凡使用本书作为教材的教师可登录机械工业出版社教育服务网 www.cmpedu.com 注册后下载。咨询电话：010-88379534，微信号：jjj88379534，公众号：CMP-DGJN。

图书在版编目（CIP）数据

3D建模与打印实战项目教程／陈冲锋，黄斌斌，林静辉主编. -- 北京：机械工业出版社，2025. 4.
（职业院校增材制造技术专业系列教材）. -- ISBN 978-7-111-77845-5

Ⅰ. TB4
中国国家版本馆 CIP 数据核字第 20257RS208 号

机械工业出版社（北京市百万庄大街22号　邮政编码100037）
策划编辑：王晓洁　　　　　　责任编辑：王晓洁　许　爽
责任校对：曹若菲　张昕妍　　封面设计：张　静
责任印制：刘　媛
北京中科印刷有限公司印刷
2025年5月第1版第1次印刷
184mm×260mm·7印张·187千字
标准书号：ISBN 978-7-111-77845-5
定价：39.80元

电话服务　　　　　　　　　　网络服务
客服电话：010-88361066　　机　工　官　网：www.cmpbook.com
　　　　　010-88379833　　机　工　官　博：weibo.com/cmp1952
　　　　　010-68326294　　金　书　网：www.golden-book.com
封底无防伪标均为盗版　　机工教育服务网：www.cmpedu.com

前　言

《国务院关于印发国家职业教育改革实施方案的通知》（国发〔2019〕4 号）中提出，要下大力气抓好职业教育。本书以培养增材制造技术的应用型人才为目标，参考近年 3D 打印技术类相关职业技能竞赛能力要求，以典型机电产品一级减速器为项目载体，介绍了用 3D One Plus 三维建模软件对产品零部件建模的过程，以及目前市场上常见的 3D 打印技术工艺；以 FDM 工艺 3D 打印机为例，介绍了该工艺类型 3D 打印机的结构、操作和维护维修。书中还整合了部分原 3D 打印造型师考证题库的内容。

本书全面落实党的二十大报告关于"实施科教兴国战略，强化现代化建设人才支撑"重要论述，明确把培养大国工匠和高技能人才作为重要目标，大力弘扬劳模精神、劳动精神、工匠精神；深化产教融合、校企合作，为全面建设技能型社会提供有力人才保障。

本书在内容上，细致全面，对学生未来走上工作岗位具有指导性意义；在结构上，本书从职业院校学生的基础能力出发，遵循专业理论的学习规律和技能的形成规律，根据 3D 建模的特点划分项目教学模块，按照由浅入深、由易到难的顺序，设计了一系列典型案例，学生可在项目引领下学习 3D 建模相关理论和技能，避免理论教学与实践相脱节；在形式上，项目 2~项目 6 通过任务目标、任务描述、任务实施和任务评价等形式，引导学生明确各项目的学习目标，学习与项目相关的知识和技能，并适当拓展相关知识，强调了在操作过程中应注意的问题，及时总结与反馈。

本书由黄炎培职业教育奖杰出教师、省级技能大师工作室主持人、芜湖机械工程学校陈冲锋，全国职业院校技能大赛优秀指导教师、广西工业职业技术学院黄斌斌以及全国技术能手、芜湖职业技术学院林静辉担任主编，由浙江平湖技师学院程磊焱、崔凯冬、沈文彬担任副主编。其他参与编写的人员有芜湖机械工程学校刘琳、季晓宝、蒋自文、陈孝和、李鹏、汤永璐、许强，芜湖市繁昌区第三中学贾火炬，淮北工业和艺术学校李化山，芜湖高级职业技术学校左平，宣城市机械电子工程学校钟勇、郁艳，安徽西蒙子智能制造装备有限公司郭海波（省技术能手），安徽群领东方三维技术有限公司李思文、何福蓉，北京思观科技有限公司周强。全书由陈冲锋统稿。

本书在编写过程中得到了芜湖机械工程学校、广西工业职业技术学院、万象三维（合肥）科技有限公司和北京企学研教育科技研究院相关领导和老师的大力支持和帮助，在此向他们表示衷心的感谢。

由于编者水平有限，书中难免存在不当或错误之处，敬请广大读者批评指正。

编　者

二维码索引

目　录

项目1　3D打印简介

快速成形技术又称快速原型制造（Rapid Prototyping Manufacturing，简称RPM）技术，诞生于20世纪80年代后期，是基于材料堆积法的一种高新制造技术，被认为是近几十年来制造领域的一个重大成果。它集机械工程技术、CAD、逆向工程技术、分层制造技术、数控技术、材料科学和激光技术于一身，为零件原型制作、新设计思想的校验等提供了一种高效率、低成本的实现手段。不同种类的快速成形系统所用的成形材料不同，成形原理和系统特点也各有不同，但其基本原理相同，即分层制造、逐层叠加。这是一种以数字三维CAD模型文件为基础，运用高能束源或其他方式，将液体、熔融体、粉末、丝和片等特殊材料进行逐层堆积黏结，最终叠加成形，直接构造出实体的技术，因此被称为3D打印。

采用数字技术进行3D打印的设备被称为3D打印机。3D打印机可以"打印"出真实的3D物体，比如打印一个杯子、打印一个零件，甚至是打印食物等。之所以称为3D打印机，是因为其工作过程参照了传统喷墨打印机的技术原理，只不过3D打印机使用的打印介质不是墨水，而是工程塑料、尼龙玻纤、陶泥、石膏材料、铝合金、钛合金、不锈钢或橡胶等实物材料，再通过分层打印并堆积叠加成为立体（图1-1）。

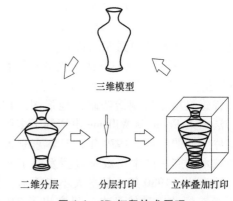

三维模型

二维分层　　　分层打印　　　立体叠加打印

图1-1　3D打印技术原理

任务1　了解3D打印的发展史

【任务目标】

了解3D打印的发展史。

【任务描述】

通过课堂和课外学习了解世界和中国3D打印技术的发展史。

【任务实施】

一、3D打印发展史上的重要事件

正如200多年前，瓦特发明了蒸汽机，拉开了近代工业革命的序幕一样，许多人认为3D打印也能引发一场工业革命。但是不可忽略的是，引发近代工业革命的并不单纯是蒸汽机本身，而是由蒸汽机所促成的"机械动力驱动"这一主流的社会理念和主要的

生产手段。因此，从这一角度看，3D打印还不足以引发新的工业革命。

在1995年之前，还没有3D打印这个名词，那时比较为研究领域所接受的名词是"快速成形"。1995年，美国麻省理工学院的两名大四学生Jim Bredt和Tim Anderson的毕业论文题目是"便捷的快速成形技术"，两人经过多次讨论和探索，想到可以利用当时已经普及的喷墨打印机，将打印机墨盒中的墨水换成胶水，通过从喷嘴喷出来的胶水黏结粉末床上的粉末，打印出一些立体物品。他们将这种方法称作"3D打印"（3D Printing），并将改装后的打印机称作3D打印机。此后，"3D打印"一词逐渐传播开来，所有快速成形技术都被归到3D打印之中。

3D打印技术的核心制造思想最早起源于19世纪末，美国人J. E. Blanther在其专利中，曾建议用分层制造法制作地形图。1860年，法国人Francois Willème申请到了多照相机实体雕塑的专利。1979年，日本东京大学生产技术研究所的中川威雄教授发明了叠层模型造型法。1980年，日本人小玉秀男又提出了光造型法。虽然日本先研究出了3D打印的一些方法，但是在此后20多年的时间里，把这些科学方法转化为实际用途的是美国。到了20世纪80年代后期，3D打印技术逐渐发展成熟并被广泛应用。

最早从事商业性3D打印制造技术的是美国发明家Charles Hull。1986年，Charles离开了原先工作的紫外光产品公司，成立了3D Systems公司，开始专注发展3D打印技术。这是世界上第一家生产3D打印设备的公司，其采用的技术当时被称为"立体光刻"，是基于液态光敏树脂的光聚合原理工作的。1988年，该公司生产出世界上首台以立体光刻技术为基础的3D打印机SLA-250，其体型非常庞大。

1988年，美国人Scott Crump发明了一种新的3D打印技术——熔融沉积成形，该工艺适合于产品的概念建模及功能测试，不适合制造大型零件。1989年，Scott成立了Stratasys公司。

1989年，美国得克萨斯大学奥斯汀分校的C. R. Deckard发明了选择性激光烧结（SLS）技术。SLS使用的材料最广泛，理论上讲几乎所有的粉末材料都可以用于打印，如陶瓷、蜡、尼龙，甚至是金属。

1992年，美国人Helisys推出第一台叠层法快速成形（LOM）系统。

1992年，Stratasys公司推出了第一台基于熔融层积成形（FDM）技术的3D工业级打印机。

1992年，DTM公司推出首台选择性激光烧结（SLS）打印机。

1993年，美国麻省理工学院的Emanual Sachs教授提出了三维打印技术（3DP），该技术类似于已在二维打印机中运用的喷墨打印技术。

1995年，Z Corporation公司获得美国麻省理工学院的许可，并开始开发基于3DP技术的打印机。

1996年，3D Systems、Stratasys和Z Corporation公司各自推出了新一代快速成形设备，此后快速成形便有了更加通俗的称呼——3D打印。

1998年，Optomec公司成功开发出了激光近净成形烧结（LENS）技术。

2000年，Objet Geometries公司改进了陶瓷膏体光固化成形（SLA）技术，使用紫外线光感和液滴综合技术，大幅提高了制造精度。

2001年，Solido公司开发出第一代桌面级3D打印机。

2003年，EOS公司开发出直接金属激光烧结（DMLS）技术。

2005年，Z Corporation公司推出世界上第一台高精度彩色3D打印机Spectrum Z510，让3D打印从此变得绚丽多彩。

2007年，3D打印服务创业公司Shapeways正式成立，为用户提供了一个个性化产品定制的网络平台。

2008年，第一台开源的桌面级3D打印机RepRap发布，它是一种能进行自我复制的3D打印机。RepRap是英国巴恩大学高级讲师Adrian Bowyer于2005年发起的开源3D打印机项目（图1-2）。该项目的目标是使工业生产变得大众化，让全球各地的人都能以

图 1-2　RepRap 原型机

低成本打印出组装件，然后通过组装制造出日常用品。开源的桌面级 3D 打印机为轰轰烈烈的 3D 打印普及化浪潮揭开了序幕。

2008 年，Objet Geometries 公司推出其革命性的 Connex500 快速成形系统，它是有史以来第一台能够同时使用几种不同的打印介质的 3D 打印机。

2009 年，Bre Pettis 带领团队成立了著名的桌面级 3D 打印机公司——MakerBot，MakerBot 打印机源自于 RepRap 开源项目。MakerBot 出售 DIY 套件，购买者可自行组装 3D 打印机。我国的创客开始进行相关工作，个人 3D 打印机产品市场由此兴起。

2010 年 12 月，Organovo 公司（一个注重生物打印技术的再生医学研究公司）公开了第一个利用生物打印技术打印的完整血管的数据资源。

2011 年，英国南安普敦大学的工程师们设计并试驾了全球首架 3D 打印的飞机。3D 打印技术使得飞机能够采用椭圆形机翼，这有助于提高空气动力效率，而采用普通技术制造此类机翼的成本通常较高。

2011 年，KOR Ecologic 公司推出全球第一辆 3D 打印汽车 Urbee。它是史上第一台用巨型 3D 打印机打印出整个车体的汽车。所有外部组件也由 3D 打印技术制作完成。

2011 年 7 月，英国埃克塞特大学的研究人员开发出世界上第一台 3D 巧克力打印机。

2011 年，i.materialise 公司成为全球首家提供 14K 黄金和标准纯银材料打印服务的 3D 打印服务商。这也为珠宝首饰设计师们提供了一个低成本的全新生产方式。

2012 年，荷兰的医生和工程师们使用 LayerWise 公司制造的 3D 打印机，打印出一个下颚假体，并成功将其移植到一位患有慢性骨感染的 83 岁老人身上。目前，该技术已被用于促进新的骨组织生长。

2012 年 3 月，维也纳大学的研究人员宣布利用双光子光刻（Two-Photon Lithography）突破了 3D 打印的最小极限，展示了一辆不到 0.3mm 的赛车模型。

2012 年 7 月，比利时的 International University College Leuven 的一个研究小组测试了一辆几乎由 3D 打印的小型赛车，其车速达到了 140km/h。

2012 年 9 月，两个 3D 打印行业的领先企业 Stratasys 和 Objet Geometries 宣布进行合并，合并后的公司名仍为 Stratasys，进一步确立了 Stratasys 在高速发展的 3D 打印及数字化制造业中的领导地位。

2012 年 10 月，麻省理工学院的相关团队成立了 Formlabs 公司，并发布了世界上第一台低成本且高精度的 SLA 个人 3D 打印机 Form 1。我国也由此开始研发基于 SLA 技术的个人 3D 打印机。

2012 年 11 月，中国宣布成为世界上首个掌握大型结构关键件激光成形技术的国家。

2012 年 11 月，苏格兰科学家利用人体细胞首次打印出人造肝脏组织。

2013 年 5 月，美国分布式防御组织发布世界上第一款完全通过 3D 打印制造出的塑料枪（撞针仍采用金属），并成功试射。同年 11 月，美国 Solid Concepts 公司制造出了全球第一款 3D 全金属枪。它由 33 个不锈钢部件和 625 个铬镍铁合金部件制成，并成功发射了 50 发子弹。

2013 年，美国的两位创客（父子俩）开发出基于液体金属打印（LMJP）工艺的家用金属 3D 打印机。同年，美国的另一个创客团队开发出了一款名为 Mini MetalMaker（小型金属制作者）的桌面级金属 3D 打印机，主要用于打印一些小型金属制品，比如珠宝、金属链、装饰品和小型金属零件等。

2013 年 8 月，美国国家航空航天局

（NASA）对 3D 打印的火箭部件进行测试，结果显示其可承受 20000lbf[○1] 的推力，并可耐受 6000℉[○2] 的高温。

2014 年 7 月，美国南达科他州 Flexible Robotic Environments（FRE）公司公布了其开发的全功能制造设备 VDK6000，该设备兼具金属 3D 打印（增材制造）、切削（减材制造，包括铣削、激光扫描、等离子弧焊、研磨、抛光和钻孔）及 3D 扫描功能。

2014 年 8 月，国外一名年仅 22 岁的创客 Yvode Haas 推出了 3DP 工艺的桌面级 3D 打印机 Plan B，技术细节完全开源，组装费用低廉。

2014 年 10 月，Sintratec 公司推出了一款基于 SLS 工艺的 3D 打印机。

2015 年 3 月，美国 Carbon3D 公司发布了一种新的光固化技术——连续液相界面固化（CLIP）：采用聚四氟乙烯作为透光底板，从底部投影，使光敏树脂固化，不需要固化的部分通过控制氧气作为光敏树脂的阻聚物，形成死区，抑制光固化反应而保持稳定的液态区域，这样就保证了固化的连续性，实现了高效的连续液相界面生产。该技术的打印速度比目前任意一种 3D 打印技术要快 25~100 倍。

二、3D 打印在中国的发展史

在 1984—1989 年的 5 年时间里，3D 打印最核心的 4 个专利技术 SLA、SLS、FDM 和 3DP 相继问世，专利技术数量较 1984 年以前大幅增加，3D Systems、Stratasys 和 EOS 等企业成立，开启了 3D 打印的商业化时代。在同一时期的中国，以清华大学、华中科技大学和西安交通大学等高校为代表的研究团队开始研究 3D 打印，并研制出了快速成形的样机，另外国内还有北京京航空航天大学等多所大学和研究院所开展了 3D 打印技术的研究。这些最早接触 3D 打印的高校研究力量形成了如今国内 3D 打印的"五大流派"。

1986 年，许小曙博士远赴美国求学，先后加入美国海军焊接研究所和全球最大的 3D 打印公司 3D Systems，并担任技术总监，领衔研发了对制造业具有革命性影响的 SLS 技术。

1988 年，清华大学颜永年教授在美国加利福尼亚大学洛杉矶分校访问期间首次接触 3D 打印，回国后开始专攻 3D 打印，他带领的团队在快速成形领域取得了很多重要成果。

1992 年，西安交通大学卢秉恒教授在美国密歇根大学访问期间发现 3D 打印在汽车制造业中的应用。随后卢秉恒团队开始在国内进行光固化快速成形制造系统研究，开发出国际首创的紫外光快速成形设备。1997 年，卢秉恒团队研制出国内首台光固化快速成形机。

1995 年，西北工业大学黄卫东团队开始进行金属 3D 打印研究。黄卫东教授在中国首先提出金属高性能增材制造的技术思路，授权首批专利并出版专著《激光立体成形》。

1998 年，华中科技大学史玉升团队开始了粉末材料快速成形技术与设备的研发。该团队建立了选择性激光烧结快速成形技术的成套学术体系与系统，并得到广泛应用，取得了显著的经济效益与社会效益。

2012 年，北京航空航天大学王华明教授主持的"飞机钛合金大型复杂整体构件激光成形技术"项目获得国家技术发明一等奖。

我国 3D 打印行业起步较晚，2016 年以前是行业的技术积累期，各科研院所和高校不断尝试创新新技术及其应用，同时越来越多的企业积极进入 3D 打印行业。2016 年之后是行业的冷静期，对 3D 打印技术的预期过高导致行业内企业数量增长过快，低端市场趋于饱和，而工业级应用不足三成。目前国内 3D 打印行业主要优势在于钛合金大尺寸构件，其他 3D 打印工艺技术仍有较大进步空间，且材料特性是国内相关 3D 打印企业急需解决的技术难题之一。

随着我国经济的快速发展，3D 打印技术的应用范围日益广泛，其应用领域也在不断拓展。

首先，在行业层面，我国许多制造企业先后引入 3D 打印技术，辅助自主品牌产品的快速和自主开发。如汽车制造企业建立了 3D 打印部门，利用 3D 打印技术完成新车型

○1 1lbf = 4.44822N。

○2 6000℉ ≈ 3315.56℃。

模型的制作，并辅助相关关键制件的功能验证与快速制造。在沿海及其他经济发达地区，如上海、深圳、天津、青岛和东莞等地相继建立了3D打印技术服务中心，利用多种3D打印技术辅助该地区多领域企业的新产品快速开发，为个性化突出的家电和数码等产品的快速更新换代提供了重要的技术支撑。

其次，在科研和技术研发层面，我国在生物制造、功能制件快速制造等先进应用技术方向持续发力，并将其作为重点发展方向。生物制造与快速制造是培育新质生产力的重要手段之一，因此，我国把生物制造列为重点发展的战略性新兴产业和未来产业的重要内容。

拓展阅读：

3D打印正孕育新的增长点

北京冬奥会开幕式上，"微火"照亮主火炬台的创意令人难忘。"微火"虽微，却不乏科技元素：主火炬的外飘带、内飘带及燃烧系统全部采用3D打印技术制作而成。除此之外，中国钢架雪车选手脚下的跑鞋鞋钉也由钛合金3D打印而成。日益广泛的应用场景让3D打印技术走进了更多人的工作和生活，也为我国制造业高质量发展注入新动能。

与模具成型或切削加工的传统制造方式不同，3D打印的制造理念类似于"燕子衔泥垒窝"，其具有显著的技术优势、成本优势和品质优势。一方面，因摆脱了模具的限制，3D打印可以轻松完成结构更为复杂或者更加个性化的产品制造，为创新设计提供了更大的想象空间。另一方面，区别于铸锻焊的传统工艺，3D打印通过一体化制造，减少了材料浪费，降低了制造成本，有利于提升产品竞争力。比如，在飞机发动机燃油喷嘴的制造过程中，3D打印技术将过去多个零件逐一制造、焊接及装配变为一体化打印，化繁为简，使得发动机的精度更高、品质更优、燃油效率更高。正是基于这些特点，3D打印技术已成为先进制造的有力工具，在诸多领域大显身手，市场空间较为广阔。从产业化应用层面看，汽车、电子、航空航天、生物医疗和文化创意等行业主动采用3D打印技术，推动创新应用，为加快产品开发、优化产品性能提供助力。从产业链分工层面看，随着技术不断成熟，3D打印将延展出更专业的产业链分工，包括产品设计服务商、专业材料供应商、专业打印企业和第三方检测验证服务商等在内的上下游企业，共同驱动这一新技术产业不断发展壮大。

由原型制造发展为批量制造，从形状控制进化到形状与性能兼具，制造尺度向更小、更大两端拓展……经过多年发展，3D打印技术取得了长足进展，在推动现代制造业发展和传统制造业转型升级中发挥着重要作用。我国拥有完备的产业体系和超大规模的国内市场，以此为依托，3D打印技术有望不断拓展应用广度和深度，培育新的发展增长点，推动中国制造向更高技术水平、更高附加价值、更加绿色低碳的方向持续升级。相信随着相关领域政策不断落地，不同行业领域、产业链上下游企业各展其长、相互赋能、协同发力，必将共同推动我国制造业高质量发展。

任务2　了解3D打印的工作原理

【任务目标】

了解3D打印的工作原理。

【任务描述】

根据所用材料及生成片层方式的不同，3D打印技术不断拓展出新的技术路线和实现方法，3D打印成形技术汇总见表1-1。而其中发展较充分也较成熟的技术主要有以下4种：立体光固化成形（SLA）技术、选择性激光烧结/激光选区熔化（SLS/SLM）技术、数字光处理（DLP）技术、熔丝沉积成形（FDM）技术。每种类型又包括一种或多种技术路线，目前都在逐渐向低成本、高精度、多材料方面发展。

【任务实施】

一、立体光固化成形技术成形原理

立体光固化成形技术以光敏树脂为原料，通过计算机控制激光按零件的各叠层截面信息在液态的光敏树脂表面进行逐点扫描，将特定波长与强度的激光聚焦到光固化材料表面，使被扫描到的区域的树脂薄层产生光聚合反应，按由点到线、由线到面的顺序凝固，完成一个叠层的绘图作业。因为光敏树脂材料的高黏性，在每层固化之后，液面很难在短时间内迅速流平，这将会影响实体的精度，在工作台下移一个层厚的距离，准备打印下一层之前，采用刮板刮切，所

需数量的树脂便会被十分均匀地涂敷在上一叠层上，这样经过激光固化后可以得到较好的精度，使产品表面更加光滑、平整。在原先固化好的树脂表面再敷上一层新的液态树脂，如此反复上述过程直至得到三维实体模型。立体光固化成形技术原理如图 1-3 所示。

主要材料：液态光敏树脂等。

优点：成形速度快，自动化程度高，成形精度高，树脂固化成形后致密度较好，主要应用于复杂、高精度的精细零件快速成形。

缺点：后续处理麻烦，二次固化容易造成零件破损。

表 1-1　3D 打印成形技术汇总

类型	成形技术	成形基础材料
挤压	熔丝沉积成形（FDM）	热塑性塑料
线	电子束自由成形制造（EBF）	几乎任何合金
粒状	直接金属激光烧结（DMLS）	几乎任何合金
	电子束熔化成形（EBM）	钛合金
	激光选区熔化（SLM）	钛合金、钴铬合金、不锈钢、铝合金
	选择性热烧结（SHS）	热塑性粉末
	选择性激光烧结（SLS）	热塑性塑料、金属粉末、陶瓷粉末
粉末层喷头 3D 打印	3D 打印（3DP）	石膏
层压	分层实体制造（LOM）	纸、金属膜、塑料薄膜
光聚合	立体光固化成形（SLA）	液态光敏树脂
	数字光处理（DLP）	液态光敏树脂

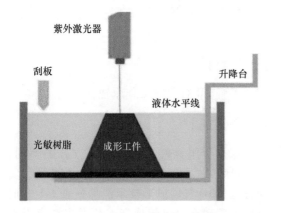
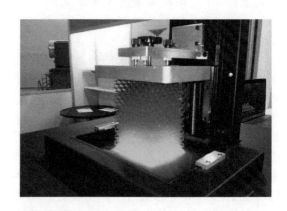

图 1-3　立体光固化成形技术原理

二、选择性激光烧结/激光选区熔化成形技术成形原理

选择性激光烧结成形技术采用铺粉方式，将一层粉末材料平铺在已成形零件的上表面，并加热至恰好低于该粉末烧结点的某

一温度，控制系统控制激光束按照该层的截面轮廓在粉层上扫描，使粉末升温到熔化点，进行烧结并与下面已成形的部分实现黏结。一层完成后，工作台下降一层厚度，滚筒在上面均匀密实地铺上一层粉末，进行新

一层截面的烧结，直至完成整个模型。选择性激光烧结成形技术原理如图1-4所示。

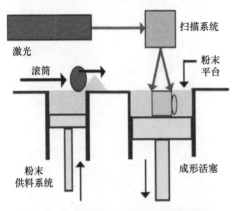

图1-4　选择性激光烧结成形技术原理

激光选区熔化的思想最初由德国Fraun-hofer研究所于1995年提出，激光选区熔化是利用金属粉末在激光束的热作用下完全熔化，经冷却凝固而成形的一种技术。激光选区熔化与选择性激光烧结制件过程非常相似，但是，激光选区熔化工艺一般需要添加支撑结构。在高功率密度激光器激光束开始扫描前，水平滚筒先把金属粉末平铺到加工室的基板上，激光束将按当前层的轮廓信息选择性地熔化基板上的粉末，加工出当前层的轮廓，然后调入下一叠层进行加工，如此层层加工，直到整个零件加工完毕。

主要材料：塑料、蜡、陶瓷和金属等粉末。

优点：SLM成型的金属零件密度高，可达90%以上，其抗拉强度等机械性能指标优于铸件，甚至可达到锻件水平，此外，其显微维氏硬度高于锻件。

缺点：因受到黏结剂铺设密度的影响，导致部分3D技术制品的密度不高，且后处理工艺较复杂。

三、数字光处理成形技术成形原理

数字光处理成形技术是一种以"光"为动力的3D打印技术，光照射到液态的光敏树脂（对光很敏感的一种液态材料）上，光敏树脂就会固化，从而成形。数字光处理成形技术使用高分辨率的数字光处理器投影仪，把有轮廓的光投射到光敏树脂表面，使表面特定区域内的一层树脂固化，在一层加

工结束后，就会生成物体的一个截面；然后平台移动一层，固化层上掩盖另一层液态树脂，再进行第二层投影，第二固化层牢固地黏结在前一固化层上，这样一层层叠加形成三维零件原型。数字光处理成形技术原理如图1-5所示。

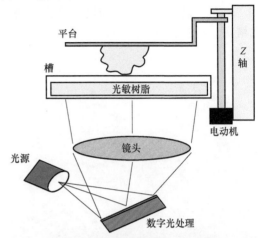

图1-5　数字光处理成形技术原理

数字光处理与立体光固化成形技术相似，都利用了感光聚合材料（主要是光敏树脂）在紫外光照射下会快速凝固的特性。不同的是，数字光处理成形技术使用高分辨率的数字光处理器投影仪来投射紫外光，每次投射可成形一个截面。因此，从理论上，其速度也比同类的立体光固化成形技术快很多。

主要材料：液态光敏树脂。

优点：固化速率高，设备稳定性好，结构简单，35μm高分辨率细节，加工成本低，主要应用于复杂、高精度的精细零件快速成形。

缺点：加工尺寸受限，主要用于小体积物体打印。使用材料也有限制，只能以光敏树脂作为原料，而且在打印结构复杂的物体时，还需要设计支架（图1-6）。

四、熔丝沉积成形技术成形原理

熔丝沉积成形技术于1988年由美国学者Scott Crump提出。通俗地理解，熔丝沉积成形技术就是利用高温将材料融化成液态，并通过可在X-Y方向上移动的喷头喷出，最后在立体空间上排列形成立体实物，熔丝沉积

成形技术原理如图 1-7 所示。

主要材料：PLA、ABS、PC、PEEK 及尼龙等线状材料。

优点：成形设备体积小、结构简单，易于操作与维护，使用成本低，原材料的利用效率高。

缺点：成形速度相对较慢，喷头容易发生堵塞，不便于维护。

图 1-8　初代熔丝沉积成形技术打印机

图 1-6　数字光处理成形样件

进电动机独立控制（有些机器 Z 轴是两个电动机，起到同步传动作用）。开源的 RepRap 系列、Ultimaker、Printrbot 还有曾经开源的 Makebot 系列机器，包括国内大部分机型采用的都是 XYZ 型结构（图 1-9）。总体来说，XYZ 型结构清晰简单，三轴均能独立控制，使得机器稳定性、打印精度和打印速度都能维持在比较高的水平。

图 1-9　XYZ 型熔丝沉积成形技术打印机

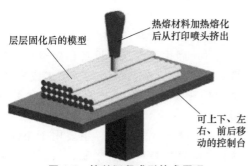

层层固化后的模型

热熔材料加热熔化后从打印喷头挤出

可上下、左右、前后移动的控制台

图 1-7　熔丝沉积成形技术原理

1. 熔丝沉积成形技术打印机常见结构

初代熔丝沉积成形技术打印机如图 1-8 所示。目前，熔丝沉积成形技术 3D 打印机按照传动方式主要分为 3 种：XYZ 型、CoreXY 型和三角型（也称并联臂型）。

（1）XYZ 型　XYZ 型 3D 打印机的特点是三轴传动互相独立，3 个轴分别由 3 个步进电动机独立控制。

（2）CoreXY 型　CoreXY 型结构是由 Hbot 结构改进得来的（图 1-10）。Hbot 结构的主要优点是速度快，因为没有 X 轴电动机一起运动的负担，还可以做得更小巧，打印面积占比更高。目前市场上采用 CoreXY 型结构设计的打印机品牌厂商还是比较少，但是采用 X 轴、Y 轴联动结构（除了 Z 轴以外，X 轴、Y 轴都是由两个步进电动机协调配合进行传动的），使得 3D 打印机的传动效率更高，能设计出功耗更低的 3D 打印机。

需要特别注意的是 CoreXY 型结构打印机

 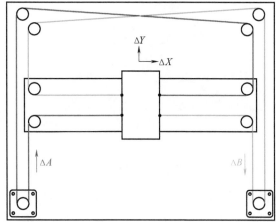

图 1-10　CoreXY 型熔丝沉积成形技术打印机

的两个传送带只是看上去是相交，其实是在两个平面上的，且一个在另外一个上面。而在 X、Y 方向移动的滑架上则安装了两个步进电动机，使得滑架的移动更加精确且稳定。

（3）三角型　三角型结构也叫并联臂结构（图 1-11）。这种结构最早起源于瑞士洛桑联邦理工学院的 Reymond Clavel 教授在 20 世纪 80 年代发明的三角式结构。最早的三角式并联机械臂主要用于一种能以很快速度操作轻小物体的机器人。三角式并联机械臂是一种通过一系列互相连接的平行四边形来

控制目标在 X 轴、Y 轴、Z 轴上的运动的机械结构。近年来这种机械结构的应用日益广泛，该结构还具有适应狭小空间，并能在其中有效工作的能力。1987 年，瑞士 Demaurex 公司首先购买了三角机器人的知识产权并将其产业化，主要用于巧克力、饼干和面包等食品包装。后来由于硬件和软件工程的发展引起技术和制造成本下降，很多创客在设计自己的 3D 打印机时借鉴了这种三角式并联机械臂的特点，于是就出现了如今常见的外形接近三角形柱体的三角式 3D 打印机。

在同样的成本下，采用三角型能设计出打印尺寸更大的 3D 打印机。三轴联动结构的传动效率更高，速度更快。但是由于三角的坐标换算采用的是插值算法，弧线是用很多条小线段进行插值模拟逼近得到的，小线段的数量直接影响着打印的效果，造成三角的分辨率不足，打印精度会略有下降，所以对新手来说，调试机器是一大难题。

2. 熔丝沉积成形技术打印机常用材料

熔丝沉积成形打印材料一般是热塑性材料，如 ABS、PLA、PC、PP、合成橡胶等，以丝状供料（卷轴丝），材料成本低（图 1-12）。与其他使用粉末和液态材料的 3D 打印工艺相比，丝材更干净，且更易于更换和保存，不会形成粉末或液体污染。熔丝沉积成形打印材料对线丝的要求比较严格，材料经过齿轮卷进喷头，齿轮和固定轮之间的距离是恒

图 1-11　三角型熔丝沉积成形技术打印机

（左侧标注，自上而下）送料管、铝型材、喷头组件、传送带、步进电动机

（右侧标注，自上而下）送料机、滑车、碳纤管、散热风扇、打印平台

图1-12 熔丝沉积成形技术打印机使用材料

定的,若丝线太粗,则会无法送丝或损坏送丝机构;反之,丝线太细,送丝机构会感应不到丝的存在。因此要求丝材具有固定的规格,分为φ1.75mm和φ3mm两种。

(1) ABS材料 ABS即丙烯腈-丁二烯-苯乙烯共聚物,是五大合成树脂之一,具有优良的抗冲击性、耐热性、耐低温性、耐化学药品性及电气性能,还具有易加工、制品尺寸稳定和表面光泽性好等特点,容易涂装、着色,也可以进行表面喷镀金属、电镀、焊接、热压和黏接等二次加工,广泛应用于机械、汽车、电子电器、仪器仪表、纺织和建筑等工业领域,是一种用途极广的热塑性工程塑料。

(2) PLA材料 PLA即聚乳酸,具有较强的热稳定性和抗溶剂性,可用多种方式进行加工,如挤压、纺丝、双轴拉伸和注射吹塑等。由聚乳酸制成的产品除能生物降解外,具有较好的生物相容性、光泽度、透明性、手感和耐热性,还具有一定的耐菌性、阻燃性和抗紫外线性,因此用途十分广泛,可用作包装材料、纤维和非织造物等,目前主要应用于服装、工业和医疗卫生等领域。

(3) PC材料 PC即聚碳酸酯,是分子链中含有碳酸酯基的高分子聚合物,根据酯基的结构可分为脂肪族、芳香族、脂肪族-芳香族等多种类型,具有弹性系数高、冲击强度高、使用温度范围广、透明度高、自由染色性高、成形断面收缩率低、尺寸稳定性良好、耐疲劳性强、耐候性强、电气性能好、无味无臭、对人体无害且符合卫生安全等特点,可用于光盘、汽车、办公设备、箱体、包装、医药、照明和薄膜等多个领域。

(4) PP材料 PP即聚丙烯,是由丙烯聚合而成的一种热塑性树脂,其无毒无味,密度小,且强度、刚度、硬度和耐热性均优于低压聚乙烯,可在温度为100℃左右时使用。该材料具有良好的介电性能和高频绝缘性,且不受湿度影响,但低温时会变脆,不耐磨且易老化。其适于制作一般机械零件、耐腐蚀零件和绝缘零件。由于常见的酸、碱等有机溶剂对它几乎不起作用,PP材料还可用于制作餐具。

(5) 合成橡胶材料 为了区别于天然橡胶,统一将用化学方法人工合成的橡胶称为合成橡胶。合成橡胶能够有效弥补天然橡胶产量不足的缺陷,虽然它在性能上不如天然橡胶全面,但因其具有高弹性、绝缘性、气密性、耐油性、耐高温和低温等性能,目前被广泛应用于工农业、国防、交通领域及日常生活中。

3. 熔丝沉积成形技术打印机常用切片软件

想要3D打印机打印快速且获得最佳的打印效果,除了设计优化、改进3D打印机和打印材料之外,还有一个更重要的环节就是切片软件,它对打印结果起着重要的作用,可以把切片软件理解为从数字模型到实体模型转化和驱动的工具。

切片软件是一种3D软件,它可以将数字3D模型转换为3D打印机可识别的打印代码,从而让3D打印机开始执行打印命令。

具体的工作流程:切片软件可以根据用户选择的设置将STL等格式的模型进行水平切割,从而得到一个个平面图形,并计算打印机需要消耗多少耗材及时间。之后将这些信息统一存入GCode文件,并将其发送到用户的3D打印机中。

正确设置3D切片软件,可以极大地提升3D打印的成功率。必须了解切片软件的工作原理以及每个设置,因为它们将影响模型的最终成形效果。表1-2中列举了2018年以来市场上常见的熔丝沉积成形技术3D打印机使用的切片软件。

表 1-2　常见熔丝沉积成形技术 3D 打印机切片软件

名称	性能	收费类型	适用系统	组别
3DPrinterOS	入门级	免费	Windows、Mac	支持浏览器云切片
Astroprint	入门级	免费	Raspberry Pie、pcDuino	支持浏览器云切片
Cura	入门级	免费	Windows、Mac、Linux	软件开源，支持国产打印机
Slic3r	入门级	免费	Windows、Mac、Linux	
CraftWare	入门级	免费	Windows、Mac	
Simplify3D	入门级	收费	Windows、Mac	
KISSlicer	入门级	收费	Windows、Mac、Linux、Raspberry Pie	
MatterControl	入门级	免费	Windows、Mac、Linux	
HORI 3D print soft	入门级	免费	Windows、Mac	支持模型修复、分拆，国产
MakerBot Print	入门级	免费	Windows、Mac	仅支持各自品牌硬件
Tinkerine Suite	入门级	免费	Windows、Mac	
Z-Suite	入门级	免费	Windows、Mac	
UP Studio	入门级	免费	Windows、Mac	支持模型修复，国产
Flash Print	入门级	免费	Windows、Mac、Linux	
Repetier-Host	中级	免费	Windows、Mac、Linux	
Netfabb Standard	中级	收费	Windows	支持建模或修复
IceSL	专业级	免费	Windows、Linux	
OctoPrint	专业级	免费	Raspberry Pie、Windows、Mac、Linux	支持打印机系统切片

拓展阅读：

智能 3D 医疗高速打印系统在成都成功研发并应用

华西医疗机器人研究院近日成功研发智能 3D 医疗高速打印系统（3D-HSP），并投入临床应用。

据介绍，该研究团队针对传统技术底层缺陷，研究出了全球首创的医疗冷凝固化无支撑架高速智能 3D 打印技术，该技术可代替传统骨折后的石膏固定，精确高速打印外固定支具，患者受伤后经 1～2min 的实时扫描，后台数据传送到打印机，30min 左右即可精准打印出外固定支具，满足了医疗创伤急救 2h 内处理完毕的临床应用要求。产品相关负责人介绍，智能 3D 医疗高速打印系统实现了多项核心技术突破，可以实现边 3D 打印，边快速固化，其效率超过传统 3D 打印技术的 20 倍。

据了解，智能 3D 医疗高速打印系统所打印的外固定支具，主要用于覆盖四肢骨关节及脊柱的创伤急诊和术后的外固定，比如腕关节、肘关节和膝关节等，多用于创伤急诊、骨科、儿科和康复等场景。

该负责人表示："未来将继续升级机型，比如能打印出像肩关节部位这种更复杂的曲面，帮助医生为患者迅速高效处理患处。"

任务 3　了解 3D 打印的应用领域

【任务目标】

了解 3D 打印的应用领域。

【任务描述】

通过课堂和课外学习了解 3D 打印应用的相关知识。

【任务实施】

一、3D 打印应用的现状

3D 打印目前常在模具制造、工业设计等领域用于制造模型，也用于一些产品的直接制造。该技术在珠宝、鞋类、工业设计、建筑、工程和施工、汽车，航空航天、牙科和医疗产业、教育、地理信息系统、土木工程、枪支以及其他领域都有所应用。

新产品的原型制造是目前 3D 打印最主要的商业应用，约占有 70% 的 3D 打印市场。原型使设计师（和客户）可以在设计阶段早期触摸和测试设计理念或功能实现，从而避免了后续变更造成的昂贵代价，为新产品上市节省了大量的时间和金钱。以日本的一家保健鞋和按摩设备制造商赤石（Akaishi）为例，该公司发现，通过3D打印原型，新产品从订货至交货的时间缩短了90%，并且使设计师在产品上市前就对产品功能有100%的信心。原型还有利于实验和创新，例如，使用3D打印技术，贝尔直升机公司可以在几天内完成新设计的测试，而使用传统方式则需要花上数周的时间。

在某些行业中，3D打印已经从原型制造发展为直接零件生产，也称为直接数字化制造。EOIR技术公司是一家领先的防御系统设计和开发公司，使用3D打印机制造坚固耐用的坦克外置设备。自从引入3D打印技术后，该公司的制造成本从原来的单件10万美元左右，下降到如今的4万美元以下。在航空航天领域，空中客车公司利用3D打印技术制造金属机翼支架，由于3D打印可以毫不费力地制造其内部任意复杂中空的形状，减轻了部件重量，飞机的重量也随之减轻，从而节省了燃料。接下来将列举几个3D打印的突破性应用案例。

1）2014年9月底，美国国家航空航天局完成了首台所有元件基本全部通过3D打印技术制造的成像望远镜。美国国家航空航天局也因此成为首家尝试使用3D打印技术制造整台仪器的机构。

这款太空望远镜功能齐全，其长50.8mm的摄像头能够放进立方体卫星（CubeSat，一款微型卫星）当中。据了解，这款太空望远镜的外管、外挡板及光学镜架全部作为单独的结构直接打印而成，只有镜面和镜头尚未实现3D打印。这款的望远镜全部由铝和钛制成，而且只需通过3D打印技术制造4个零件即可。相比而言，传统制造方法所需的零件数是3D打印的5～10倍。此外，在3D打印的望远镜中，可将用来减少望远镜中杂散光的仪器挡板做成带有角度的样式，这是使用传统制作方法所无法实现的。

2）2014年10月29日，在芝加哥举行

的国际制造技术展览会上，美国亚利桑那州的Local Motors汽车公司现场演示了世界上第一款3D打印电动汽车的制造过程。这款电动汽车名为"Strati"（图1-13），整个制造过程仅用了45h。Strati采用一体成形车身，最大速度可达到（64km/h），一次充电可行驶193～254km。Strati只有49个零部件，其动力传动系统、悬架、电池、轮胎、车轮、线路、电动马达和风窗玻璃采用传统技术制造，包括底盘、仪表板、座椅和车身在内的其余部件均由3D打印机打印，所用材料为碳纤维增强热塑性塑料。Strati一体成形的车身由3D打印机打印，共有212层碳纤维增强热塑性塑料。辛辛那提公司负责提供制造Strati使用的大幅面增材制造3D打印机，该打印机能够打印91cm×152cm×305cm的零部件。

图1-13　Strati 3D打印电动汽车

3）2015年10月，我国863计划3D打印血管项目取得重大突破，世界首创的3D生物血管打印机由四川蓝光英诺生物科技股份有限公司成功研制问世。

该血管打印机性能先进，仅用2min便打印出10cm长的血管。不同于市面上现有的3D生物打印机，3D生物血管打印机可以打印出血管独有的中空结构、多层不同种类细胞。

4）2016年4月19日，中科院重庆绿色智能技术研究院3D打印技术研究中心对外宣布，经过该院和中科院空间应用中心两年多的共同努力，已在法国波尔多完成抛物线失重飞行试验，国内首台空间在轨3D打印

机宣告研制成功（图1-14）。这台3D打印机可打印零部件的最大尺寸达200mm×130mm，它可以帮助宇航员在失重环境下制造所需的零件，大幅提高空间站实验的灵活性，减少空间站备品备件的种类和数量，降低运营成本以及空间站对地面补给的依赖性。

图1-14 空间在轨3D打印机

5）2018年12月3日，一台名为Organaut的突破性3D生物打印机（图1-15），被执行"58号远征"任务的"联盟MS-11"飞船送往国际空间站。该打印机由Invitro的子公司3D Bioprinting Solutions建造。Invitro随后收到了从国际空间站传回的一组照片，通过这些照片可以看到老鼠的甲状腺是如何被打印出来的。

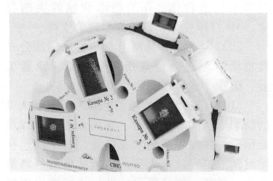

图1-15 Organaut 3D生物打印机

二、3D打印未来的发展趋势

（1）向日常消费品制造方向发展 3D打印技术在科学教育、工业造型、产品创意和工艺美术等领域有着广泛的应用前景和巨大的商业价值。

（2）向功能零件制造发展 采用激光或电子束直接熔化金属粉，逐层堆积金属，形成金属直接成形技术。该技术可以直接制造出复杂结构的金属零件，制件的力学性能可以达到锻件的性能指标。其发展方向是进一步提高精度和性能，同时向陶瓷零件的3D打印技术和复合材料的3D打印技术发展。

（3）向智能化设备发展 目前3D打印设备在软件功能和后处理方面还有许多问题需要优化。例如，成形过程中需要加支撑；软件智能化和自动化有待进一步提高；制造过程中工艺参数与材料的匹配性需要智能化；加工完成后的粉料或支撑的去除等问题。这些问题直接影响设备的使用和推广，设备的智能化是走向普及的保证。

（4）向组织与结构一体化制造发展 实现从微观组织到宏观结构的可控制造。例如，在制造复合材料时，同步完成复合材料组织设计制造与外形结构设计制造，实现从微观到宏观尺度上的同步制造，以及结构体的"设计-材料-制造"一体化。支撑生物组织制造、复合材料等复杂结构零件的制造会给制造技术带来革命性发展。

3D打印技术代表制造技术发展的趋势，产品从大规模制造向定制化制造发展，以满足社会多样化的需求，目前3D打印产业的产值在全球制造业市场中所占的份额不高，但是其间接作用和未来前景难以估量。3D打印技术的优势在于制造周期短，适合单件个性化需求零件、大型薄壁件、钛合金等难加工零件以及结构复杂零件的制造，在航空航天、医疗等领域的产品开发阶段，计算机外设发展和创新教育上具有广阔发展空间。

3D打印技术的应用，为许多新产业和新技术的发展提供了快速响应的制造技术。例如，在生物假体与组织工程上的应用，为人工定制化假体制造、三维组织支架制造提供了有效的技术手段；为汽车车型快速开发和飞机外形设计提供了快速制造技术，加快了产品设计速度等。3D打印技术尤其适合于航空航天产品中单件小批量制造的零部件，具有成本低和效率高的优点，在航空发动机的空心涡轮叶片、风洞模型制造和复杂精密结构件制造方面具有巨大的应用潜力。因此，3D打印技术是实现创新性国家的利器。

3D打印技术还存在许多问题，目前该技

术主要应用于产品研发，其使用成本高（10～100元/g），制造效率低，例如金属材料成形速度为100～3000g/h，制造精度尚不能达到要求。由于其工艺与装备研发尚不充分，因此该技术还未进行大规模工业应用。应该说目前3D打印技术是传统大批量制造技术的一个补充。任何技术都不是万能的，传统技术仍会有强劲的生命力，3D打印技术应该与传统技术相辅相成，以形成新的发展增长点。通过形成协同创新的运行机制，积极研发、科学推进，使3D打印技术从产品研发工具走向批量生产模式，引领应用市场发展，改变人类的生活。

拓展阅读：

3D"打印"中国制造新图景

从航空航天、医疗、模具、汽车制造，到珠宝、艺术创作等领域，日益广泛的应用场景让3D打印技术走进了许多人的工作和生活，也为中国制造业高质量发展注入新动能，成为高端制造的利器。

2022年10月，国内最大单体混凝土3D打印机首发仪式在三峡大学举行。一台长17m、宽17m、高12m的打印机，开机后，架子上可移动的大型喷头将按墙体走向喷射混凝土进行"打印"，就像制作蛋糕时用奶油裱花一样层层叠加，精准、快速且平整。

"只要有建筑图样，基于数字建筑设计方法及机器人自控系统，通过混凝土3D打印机就可以打印出理想的房子。"三峡大学水利与环境学院副教授李洋波介绍。

"3D打印是制造业热门技术，应用范围极广，是高端制造的一件'新利器'。它既可以打印塑料、陶瓷等非金属材料，也可以打印钢铁、铝合金、钛合金、高温合金等金属材料，成形尺寸从微纳米元器件到大型的航空结构件，为制造业转型升级发展提供了

巨大契机。"中国工程院院士、西安交通大学教授卢秉恒说。

1. 技术实现弯道超车

从材料到技术手段，3D打印领域已经成为中国技术创新的"新高地"。信息技术日新月异，3D打印技术在计算机控制下，可以多种材料打印出不同形状，为工业生产及日常生活带来重大变化。

在金属3D打印领域，中国工程院院士王华明与团队经过多年不懈努力，在技术上实现了弯道超车。2005年6月，在王华明团队的努力下，中国自主生产的第一个3D打印的钛合金小零件被装上飞机，就此迈出金属3D打印技术标志性的一步。2009年，王华明与团队用3D打印技术做出了国产大飞机C919机头钛合金主风挡整体窗框，其重量约为10kg，一个成年人可以轻松拿起，中国由此成为率先突破这一技术的国家。

业内人士认为，凭借3D打印技术，中国在飞机、火箭等重大装备的大型复杂关键金属构件制造领域已达到世界先进水平。

2. 应用单位表现抢眼

3D打印又被称为增材制造，即以数字模型文件为基础，通过将专用的材料进行逐层打印来构造物体。作为前沿领域的尖端技术，3D打印技术获得了许多政策支持。

2022年8月，我国工业和信息化部公布首批增材制造典型应用场景名单，涵盖工业、医疗、建筑和文化等领域。

3D打印技术相关职业也成为了国家认可的新职业。2022年6月，我国人力资源和社会保障部发布一批新职业信息，其中就包括增材制造工程技术人员，是指从事增材制造技术、装备、产品研发、设计并指导应用的工程技术人员。

此外，越来越多的中国3D打印机品牌走向了海外市场，彰显了中国品牌在全球3D打印市场的自信。

项目2 一级减速器模型的建模（一）

减速器是一种在原动机和工作机之间起匹配转速和传递转矩作用的机器，在现代机械中应用极为广泛。基于三维建模软件 3D One Plus，以一级直齿轮减速器为建模设计对象，分析该装配体的配合特征和尺寸关系，并分别对其零部件进行三维实体建模，再对减速器进行虚拟装配设计。通过虚拟装配关系识别并捕捉设计者的意图，然后利用装配约束运动及装配习惯确定零部件的装配路径，并完成其装配。

任务1 窥视孔盖的建模

【任务目标】

1. 会使用软件草图绘制零件图形。
2. 会使用特征造型拉伸、倒角、倒圆角

等命令。

3. 了解布尔运算的使用方法。
4. 能够对零件进行着色、渲染。

【任务描述】

如图 2-1 所示，窥视孔盖中包括六面体、圆柱孔、倒角、倒圆角和方孔等结构，可以通过软件中的直线、拉伸、圆角、倒角和布尔运算等功能完成零件的建模。

【任务实施】

1）在桌面上双击打开 3D One Plus 软件，选择"草图绘制"中的"直线"工具，选择网格面作为草图平面，进入草图，按图 2-1 绘制草图并标注尺寸，勾选确认，如图 2-2 所示。

窥视孔盖

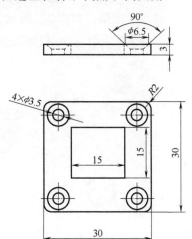

图 2-1 窥视孔盖

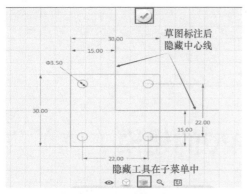

图 2-2　草图绘制

2）选择"特征造型"中的"拉伸"工具，"轮廓 P"选择"草图 1"，"拉伸类型"选择"1 边"高度按图片尺寸设置，勾选确认，如图 2-3 所示。

图 2-3　拉伸

3）选择"特征造型"中的"圆角"工具，选择拉伸体的 4 条竖线，半径输入"2"，勾选确认，如图 2-4 所示。

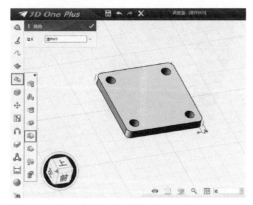

图 2-4　圆角 R2mm

4）选择"基本实体"中的"六面体"

工具，放置点选择拉伸体顶面中心，执行"减运算"，如图 2-5 所示。

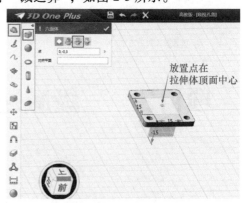

图 2-5　六面体

5）选择"特征造型"中的"倒角"工具，选择圆的 4 条圆孔边线，倒角大小输入"1.5"，勾选确认，如图 2-6 所示。

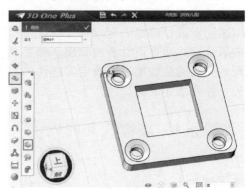

图 2-6　倒角

6）选择"颜色"工具，将零件进行着色、渲染，如图 2-7 所示。

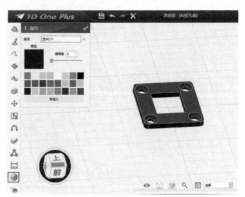

图 2-7　着色、渲染

7）保存模型，输入名称"窥视孔盖"。

【任务评价】

根据本任务学习内容及任务要求，结合课堂学习情况进行测评，具体评价内容见任务测评表（表2-1）。

表 2-1　任务测评表

序号	检测项目	项目要求	配分	得分		
				学生自评	小组互评	教师评价
1	零件完整性	完全建模完成	50			
2	操作规范性	按照操作规范操作	30			
3	协作精神	团队配合	10			
4	工作态度	态度端正	10			
		小计				
		总分				
完成任务结论性评价			□优秀　□良好　□一般　□及格　□不及格			

注："总分"成绩计算按照"小计"中"学生自评"的20%，"小组互评"的30%，"教师评价"的50%进行综合计算，其中，90≤总分≤100为"优秀"，80≤总分<90为"良好"，70≤总分<80为"一般"，60≤总分<70为"及格"，总分<60为"不及格"。

任务2　从动轴的建模

【任务目标】

1. 能够使用基本实体命令绘制实体。
2. 熟练使用特征造型倒角命令。
3. 熟悉布尔运算的使用方法。
4. 掌握插入基准面的方法。
5. 能够对零件进行着色、渲染。

【任务描述】

如图 2-8 所示，从动轴中包括圆柱体、倒角和键槽等结构，可以采用基本实体叠加、倒角和拉伸切除等功能完成零件的建模。

从动轴

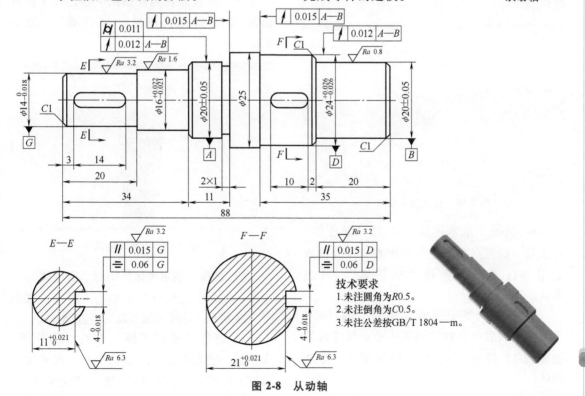

图 2-8　从动轴

【任务实施】

1）在桌面上双击打开 3D One Plus 软件，选择"基本实体"中的"圆柱体"🛢工具，放置点在网格面中心（0，0，0），尺寸设置如图 2-9 所示，勾选确认。

图 2-9　绘制圆柱体 1

2）选择"基本实体"中的"圆柱体"🛢工具，放置点在圆柱顶面中心，尺寸设置如图 2-10 所示，选择"加运算"，勾选确认。

图 2-10　绘制圆柱体 2

3）选择"基本实体"中的"圆柱体"🛢工具，放置点在圆柱顶面中心，尺寸设置如图 2-11 所示，选择"加运算"，勾选确认。

4）选择"基本实体"中的"圆柱体"🛢工具，放置点在圆柱顶面中心，尺寸设置如图 2-12 所示，选择"加运算"，勾选确认。

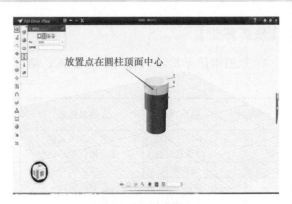

图 2-11　绘制圆柱体 3

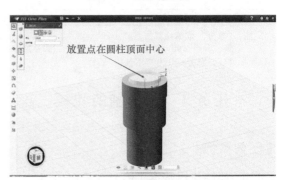

图 2-12　绘制圆柱体 4

5）选择"基本实体"中的"圆柱体"🛢工具，放置点在圆柱顶面中心，尺寸设置如图 2-13 所示，选择"加运算"，勾选确认。

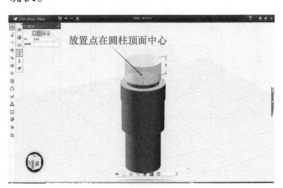

图 2-13　绘制圆柱体 5

6）选择"基本实体"中的"圆柱体"🛢工具，放置点在圆柱顶面中心，尺寸设置如图 2-14 所示，选择"加运算"，勾选确认。

7）选择"基本实体"中的"圆柱体"🛢工具，放置点在圆柱顶面中心，尺寸设置如图 2-15 所示，选择"加运算"，勾选确认。

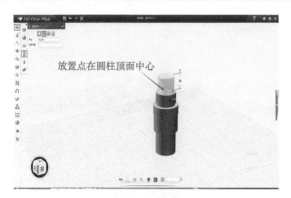

图 2-14　绘制圆柱体 6

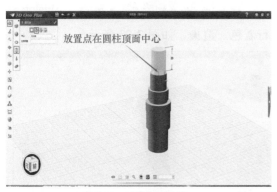

图 2-15　绘制圆柱体 7

8）选择"插入基准面"中的"插入基准面" 🔲 工具，选择"XZ" 🔩，以圆柱底面中心作为放置点，在"偏移"中输入"12"，勾选确认，如图 2-16 所示。

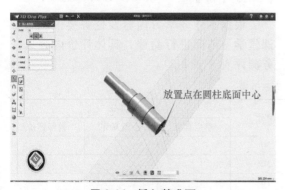

图 2-16　插入基准面

9）选择"草图绘制"中的"圆""直线"工具，选择插入的基准面作为草图平面，绘制图示键槽轮廓，勾选确认，退出草图，如图 2-17 所示。

10）选择"特征造型"中的"拉伸" 🔲 工具，"拉伸类型"选择"1 边"，"轮廓

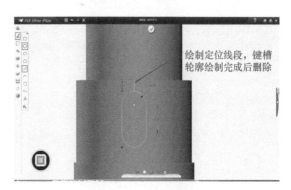

图 2-17　绘制键槽 1

P"选择"草图 1"，高度输入"-3"，选择"减运算"，勾选确认，如图 2-18 所示。

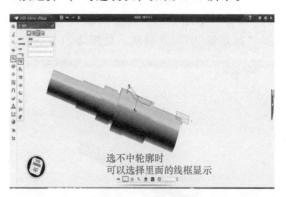

图 2-18　拉伸切除

11）选择"插入基准面"中的"插入基准面" 🔲 工具，选择"XZ" 🔩，以圆柱底面中心作为放置点，在"偏移"中输入"-7"，勾选确认，如图 2-19 所示。

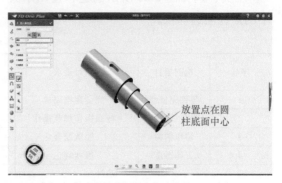

图 2-19　插入基准面

12）选择"草图绘制"中的"圆""直线"工具，选择插入的基准面作为草图平面，绘制键槽轮廓，勾选确认，退出草图，如图 2-20 所示。

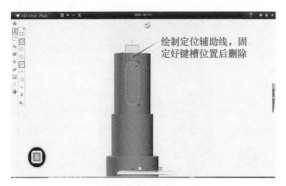

图 2-20　绘制键槽 2

13）选择"特征造型"中的"拉伸" 工具，"拉伸类型"选择"1 边"，"轮廓 P"选择"草图 1"，"高度"输入"3"，选择"减运算"，勾选确认，如图 2-21 所示。

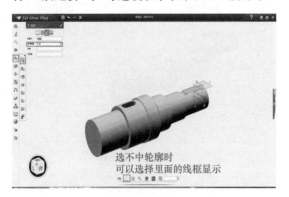

图 2-21　拉伸切除

14）选择"特征造型"中的"倒角" 工具，选择图 2-22 所示的边，按图示大小倒角，勾选确认。

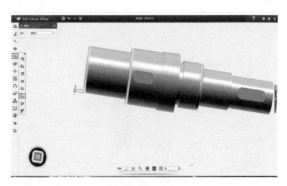

图 2-22　倒角

15）选择"颜色" 工具，对图形进行着色、渲染，如图 2-23 所示。

图 2-23　着色、渲染

16）保存模型，输入名称"从动轴"。

【任务评价】

根据本任务学习内容及任务要求，结合课堂学习情况进行测评，具体评价内容见任务测评表（表 2-2）。

表 2-2　任务测评表

序号	检测项目	项目要求	配分	得分		
				学生自评	小组互评	教师评价
1	零件完整性	完全建模完成	50			
2	操作规范性	按照操作规范操作	30			
3	协作精神	团队配合	10			
4	工作态度	态度端正	10			
	小计					
	总分					
完成任务结论性评价		□优秀　□良好　□一般　□及格　□不及格				

注："总分"成绩计算按照"小计"中"学生自评"的 20%，"小组互评"的 30%，"教师评价"的 50% 进行综合计算，其中，90≤总分≤100 为"优秀"，80≤总分<90 为"良好"，70≤总分<80 为"一般"，60≤总分<70 为"及格"，总分<60 为"不及格"。

任务3　从动轴端盖（不通孔）的建模

【任务目标】

1. 熟练使用基本实体命令绘制实体。
2. 熟悉布尔运算的使用方法。
3. 熟练使用颜色命令对零件进行着色、渲染。

【任务描述】

如图 2-24 所示，从动轴端盖（不通孔）由圆柱体、凹坑和凹槽组成，可以采用基本实体叠加、布尔运算等功能完成零件的建模。

从动轴端盖（不通孔）

【任务实施】

1）在桌面上双击打开 3D One Plus 软件，进入软件，选择"基本实体"中的"圆柱体" 工具，放置点在网格面中心（0，0，0），尺寸设置如图 2-25 所示，勾选确认。

2）选择"基本实体"中的"圆柱体" 工具，放置点在圆柱顶面中心，尺寸设置如图 2-26 所示，选择"加运算"，勾选确认。

3）选择"基本实体"中的"圆柱体" 工具，放置点在圆柱顶面中心，尺寸设置如图 2-27 所示，选择"加运算"，勾选确认。

4）选择"基本实体"中的"圆柱体" 工具，放置点在圆柱顶面中心，尺寸设置如图 2-28 所示，选择"减运算"，勾选确认。

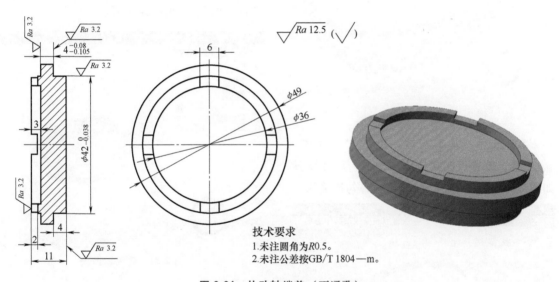

技术要求
1. 未注圆角为R0.5。
2. 未注公差按GB/T 1804—m。

图 2-24　从动轴端盖（不通孔）

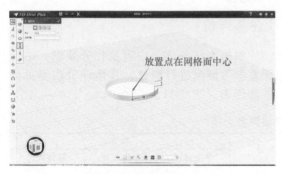

图 2-25　绘制圆柱体 1

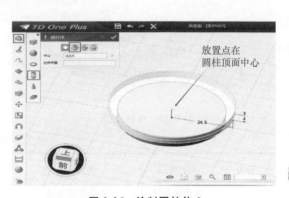

图 2-26　绘制圆柱体 2

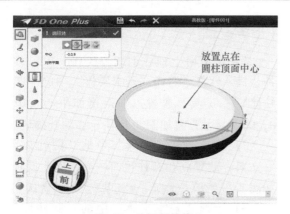

图 2-27　绘制圆柱体 3

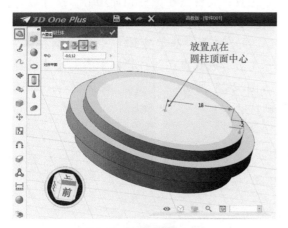

图 2-28　切除 φ36mm 孔

5）选择"基本实体"中的"六面体" 🔲 工具，放置点在圆柱顶面中心，尺寸设置如图 2-29 所示，选择"减运算"，勾选确认。

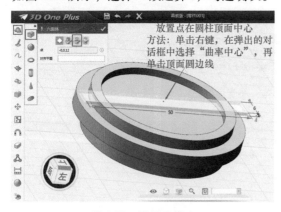

图 2-29　绘制凹槽 1

6）选择"基本实体"中的"六面体" 🔲 工具，放置点在圆柱顶面中心，尺寸设置如图 2-30 所示，选择"减运算"，勾选确认。

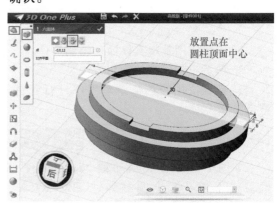

图 2-30　绘制凹槽 2

7）选择"颜色" 🔵 工具，对零件进行着色、渲染，如图 2-31 所示。

图 2-31　着色、渲染

8）保存模型，输入名称"从动轴端盖（不通孔）"。

【任务评价】

根据本任务学习内容及任务要求，结合课堂学习情况进行测评，具体评价内容见任务测评表（表 2-3）。

表 2-3　任务测评表

序号	检测项目	项目要求	配分	得分		
				学生自评	小组互评	教师评价
1	零件完整性	完全建模完成	50			

（续）

序号	检测项目	项目要求	配分	得分		
				学生自评	小组互评	教师评价
2	操作规范性	按照操作规范操作	30			
3	协作精神	团队配合	10			
4	工作态度	态度端正	10			
		小计				
		总分				
完成任务结论性评价		□优秀　□良好　□一般　□及格　□不及格				

注："总分"成绩计算按照"小计"中"学生自评"的20%，"小组互评"的30%，"教师评价"的50%进行综合计算，其中，90≤总分≤100为"优秀"，80≤总分＜90为"良好"，70≤总分＜80为"一般"，60≤总分＜70为"及格"，总分＜60为"不及格"。

任务4　从动轴端盖（通孔）的建模

【任务目标】

1. 熟练使用基本实体命令绘制实体。
2. 熟悉布尔运算的使用方法。
3. 能够使用旋转切除功能。
4. 熟练使用颜色命令对零件进行着色、渲染。

【任务描述】

如图2-32所示，从动轴端盖中包括圆柱体、通孔、凹槽和内槽等结构，可以采用基本实体叠加、布尔运算和旋转切除等功能完成零件的建模。

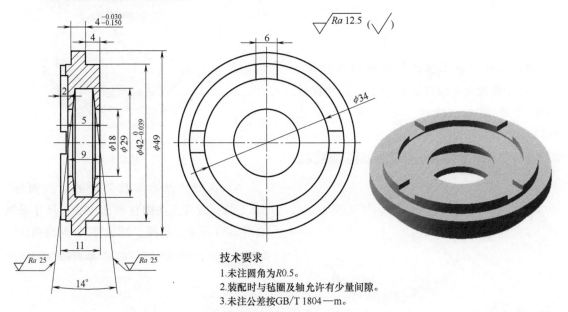

图2-32　从动轴端盖（通孔）

技术要求
1.未注圆角为R0.5。
2.装配时与毡圈及轴允许有少量间隙。
3.未注公差按GB/T 1804—m。

【任务实施】

1）在桌面上双击打开3D One Plus软件，选择"基本实体"中的"圆柱体" 工具，放置点在网格面中心

从动轴端盖
（通孔）

（0，0，0），尺寸设置如图2-33所示，勾选确认。

2）选择"基本实体"中的"圆柱体" 工具，放置点在圆柱顶面中心，尺寸设置如图2-34所示，选择"加运算"，勾选确认。

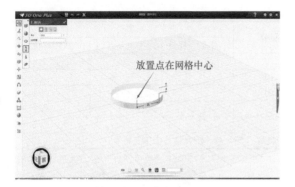

图 2-33　绘制圆柱体 1

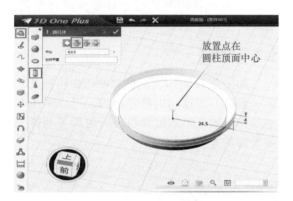

图 2-34　绘制圆柱体 2

3）选择"基本实体"中的"圆柱体"
工具，放置点在圆柱顶面中心，尺寸设置
如图 2-35 所示，选择"加运算"，勾选
确认。

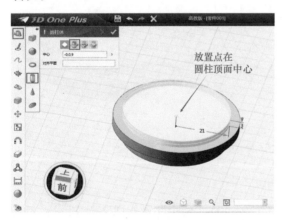

图 2-35　绘制圆柱体 3

4）选择"基本实体"中的"圆柱体"
工具，放置点在圆柱顶面中心，尺寸设置
如图 2-36 所示，选择"减运算"，勾选
确认。

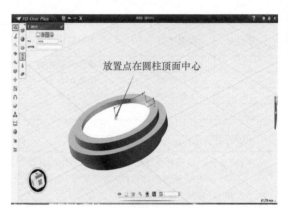

图 2-36　切除 ϕ34mm 孔

5）选择"基本实体"中的"六面体"
工具，放置点在圆柱顶面中心，尺寸设
置如图 2-37 所示，选择"减运算"，勾选
确认。

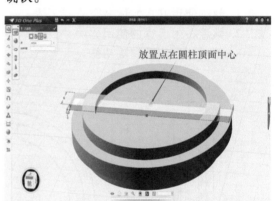

图 2-37　绘制凹槽 1

6）选择"基本实体"中的"六面体"
工具，放置点在圆柱顶面中心，尺寸设置
如图 2-38 所示，选择"减运算"，勾选确认。

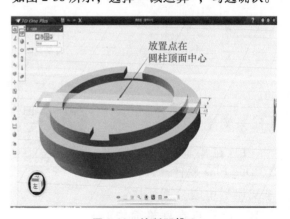

图 2-38　绘制凹槽 2

7）选择"基本实体"中的"圆柱体"  工具，放置点在圆柱顶面中心，尺寸设置如图 2-39 所示，选择"减运算"，勾选确认。

图 2-39 绘制中心通孔

8）选择"插入基准面"中的"插入基准面" 工具，选择"YZ"，以通孔圆柱中心作为放置点，勾选确认，如图 2-40 所示。

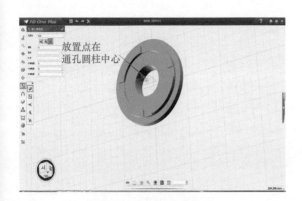

图 2-40 插入基准面

9）选择"草图绘制"中的"直线"工具，选择插入的基准面作为草图平面，绘制截面轮廓，勾选确认，退出草图，如图 2-41 所示。

10）选择"特征造型"中的"旋转" 工具，"旋转类型"选择"1 边"，"轮廓"选择草图，选择"减运算"，勾选确认，如图 2-42 所示。

11）选择"颜色" 工具，对零件进行着色、渲染，如图 2-43 所示。

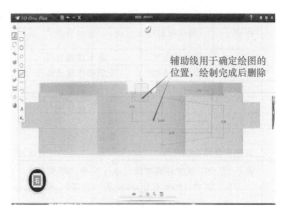

辅助线用于确定绘图的位置，绘制完成后删除

图 2-41 绘制截面

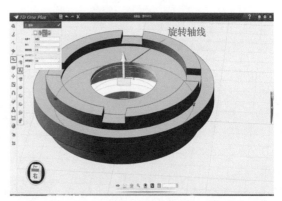

旋转轴线

图 2-42 旋转切除

图 2-43 着色、渲染

12）保存模型，输入名称"从动轴端盖（通孔）"。

【任务评价】

根据本任务学习内容及任务要求，结合课堂学习情况进行测评，具体评价内容见任务测评表（表 2-4）。

表 2-4　任务测评表

序号	检测项目	项目要求	配分	得分		
				学生自评	小组互评	教师评价
1	零件完整性	完全建模完成	50			
2	操作规范性	按照操作规范操作	30			
3	协作精神	团队配合	10			
4	工作态度	态度端正	10			
		小计				
		总分				
完成任务结论性评价			□优秀　□良好　□一般　□及格　□不及格			

注："总分"成绩计算按照"小计"中"学生自评"的 20%，"小组互评"的 30%，"教师评价"的 50% 进行综合计算，其中，$90 \leqslant$ 总分 $\leqslant 100$ 为"优秀"，$80 \leqslant$ 总分 <90 为"良好"，$70 \leqslant$ 总分 <80 为"一般"，$60 \leqslant$ 总分 <70 为"及格"，总分 <60 为"不及格"。

项目3　一级减速器模型的建模（二）

任务1　主动齿轮轴的建模

【任务目标】

1. 熟练使用基本实体命令绘制实体。

2. 熟悉布尔运算的使用方法。

3. 了解齿轮的绘制方法。

主动齿轮轴

4. 了解三角形螺纹的绘制方法。

5. 熟练使用颜色命令对零件进行着色、渲染。

【任务描述】

如图3-1所示，主动齿轮轴包括圆柱体、齿轮和螺纹等结构，采用基本实体叠加、布尔运算、导入、螺旋线及旋转等功能完成零件的建模。

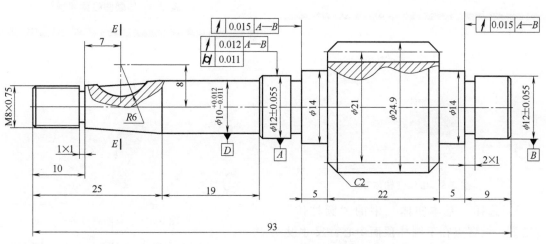

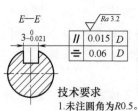

技术要求

1. 未注圆角为R0.5。
2. 未注倒角为C0.5。
3. 未注公差按GB/T 1804—m。

模数	m	1.5
齿数	z	14
压力角	α	20°
径向变位系数	x	+0.3

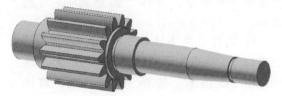

图 3-1　主动齿轮轴

【任务实施】

1）在桌面上双击打开 3D One Plus 软件，选择"基本实体"中的"圆柱体" 🔲 工具，放置点在网格面中心（0，0，0），尺寸设置如图 3-2 所示，勾选确认。

2）选择"基本实体"中的"圆柱体" 🔲 工具，放置点在下圆柱顶面中心，尺寸设置如图 3-3 所示，选择"加运算"，勾选确认。

图 3-2　绘制圆柱体 1

图 3-3　绘制圆柱体 2

3）选择"基本实体"中的"圆柱体" 🔲 工具，放置点在下圆柱顶面中心，尺寸设置如图 3-4 所示，选择"加运算"，勾选确认。

4）选择"基本实体"中的"圆柱体" 🔲 工具，放置点在下圆柱顶面中心，尺寸设置如图 3-5 所示，选择"加运算"，勾选确认。

5）选择"基本实体"中的"圆柱体" 🔲 工具，放置点在下圆柱顶面中

置如图 3-6 所示，选择"加运算"，勾选确认。

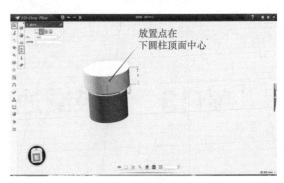

图 3-4　绘制圆柱体 3

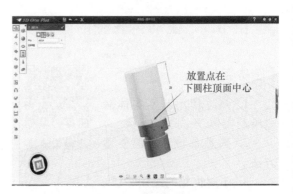

图 3-5　绘制圆柱体 4

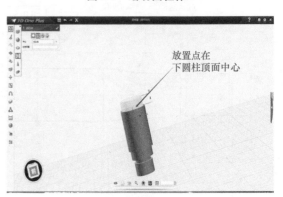

图 3-6　绘制圆柱体 5

6）选择"基本实体"中的"圆柱体" 🔲 工具，放置点在下圆柱顶面中心，尺寸设置如图 3-7 所示，选择"加运算"，勾选确认。

7）选择"基本实体"中的"圆柱体" 🔲 工具，放置点在下圆柱顶面中心，尺寸设置如图 3-8 所示，选择"加运算"，勾选确认。

8）选择"基本实体"中的"圆柱体" 🔋 工具，放置点在下圆柱顶面中心，尺寸设置如图3-9所示，选择"加运算"，勾选确认。

9）选择"基本实体"中的"圆锥体" 🔺 工具，放置点在下圆柱顶面中心，尺寸设置如图3-10所示，选择"加运算"，勾选确认。

10）选择"基本实体"中的"圆柱体" 🔋 工具，放置点在下圆锥顶面中心，尺寸设置如图3-11所示，选择"加运算"，勾选确认。

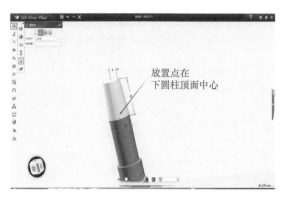

图3-10 绘制圆锥体

图3-7 绘制圆柱体6

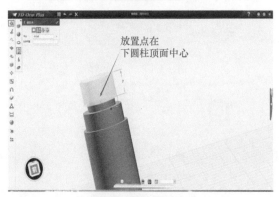

图3-8 绘制圆柱体7

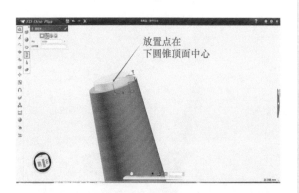

图3-11 绘制圆柱体9

11）选择"基本实体"中的"圆柱体" 🔋 工具，放置点在下圆柱顶面中心，尺寸设置如图3-12所示，选择"加运算"勾选确认。

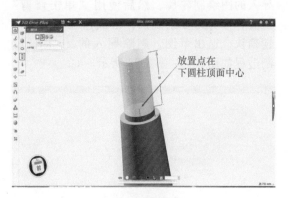

图3-12 绘制圆柱体10

图3-9 绘制圆柱体8

12）选择"3D One Plus"图标，选择"导入"，找到".dwg"文件格式，选择齿轮的2D图并导入，如图3-13、图3-14所示。

图 3-13　导入齿轮 2D 图

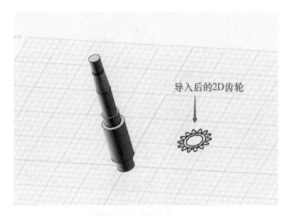

图 3-14　齿轮 2D 图

13）选择"草图绘制"中的"圆"和"圆弧"工具，选择网格作为草图平面，按导入的图绘制轮廓，然后使用"单击修剪"工具，修剪掉多余线条，形成齿轮轮廓，勾选确认，退出草图，删除导入的 2D 图，绘制过程如图 3-15~图 3-23 所示。

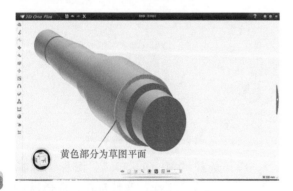

图 3-15　选择草图平面

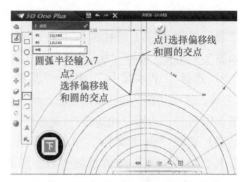

图 3-16　偏移直线

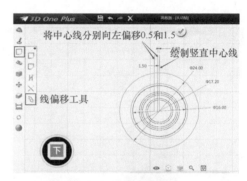

图 3-17　绘制圆弧线

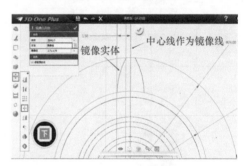

图 3-18　镜像曲线

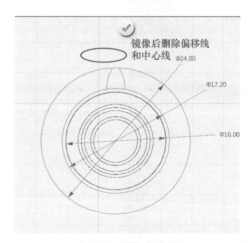

图 3-19　删除多余线

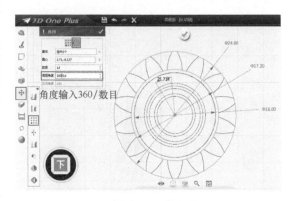

角度输入360/数目

图 3-20 阵列

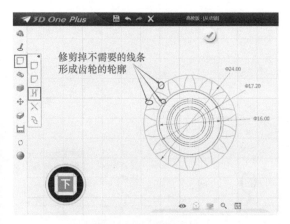

修剪掉不需要的线条
形成齿轮的轮廓

图 3-21 修剪轮廓线

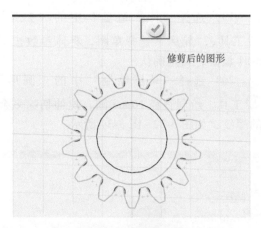

修剪后的图形

图 3-22 草图完成图

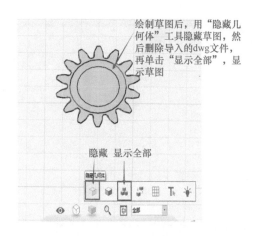

绘制草图后，用"隐藏几何体"工具隐藏草图，然后删除导入的dwg文件，再单击"显示全部"，显示草图

隐藏 显示全部

图 3-23 绘制齿轮轮廓完成

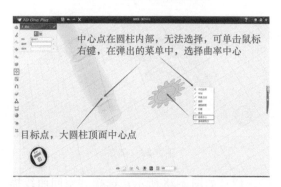

中心点在圆柱内部，无法选择，可单击鼠标右键，在弹出的菜单中，选择曲率中心

目标点，大圆柱顶面中心点

图 3-24 移动齿轮

图 3-25 移动齿轮效果

14）如图 3-24 所示，选择"基本编辑"中"移动" 工具，"移动方式"选择"点到点"，"起始点"选择草图的圆心，"目标点"选择大圆柱顶面中心，勾选确认，移动齿轮效果如图 3-25 所示。

15）选择"特征造型"中的"拉伸" 工具，"拉伸类型"选择"1 边"，"轮廓P"选择草图，高度输入"22"，选择"加运算"，勾选确认，如图 3-26 所示。

16）选择"特征造型"中的"倒角" 工具，选择圆柱上边线，倒角大小 $C1mm$，如图 3-27 所示。

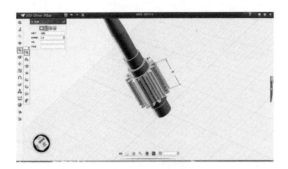

图 3-26　拉伸齿轮

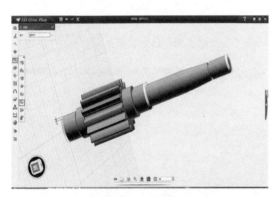

图 3-27　倒角

17）如图 3-28 所示，选择"空间曲线描绘"中的"螺纹线"　　工具，选择圆柱下边线上的任意点，"轴"选择圆柱的轴线，方向向下，如图中黄色箭头所示，具体参数按图 3-28 所示设置。

18）如图 3-29 所示选择"草图绘制"中的"直线"工具，选择上一步建立的螺纹线上的起点作为草图平面，网格面会垂直于螺纹线。按图 3-30 所示绘制草图并标注尺寸，勾选确认。

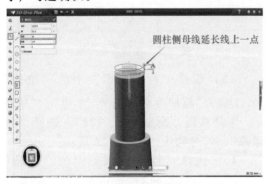

图 3-28　绘制螺纹线

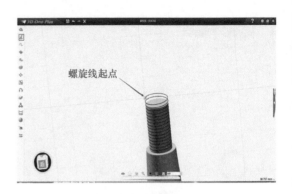

图 3-29　选择草图面

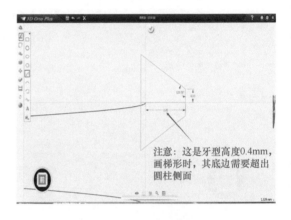

图 3-30　绘制草图

19）选择"特征造型"中的"扫掠"　　工具，"轮廓"选择草图，具体参数按图3-31 设置，勾选确认。

20）选择"草图绘制"中的"圆形"　　工具，绘制直径 10mm 圆，拉伸切除多余的螺纹，如图 3-32~图 3-34 所示。

图 3-31　扫掠螺纹

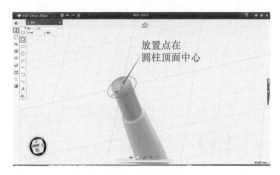

图 3-32 绘制圆

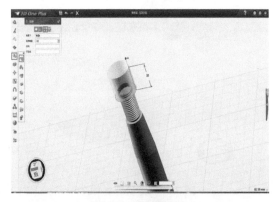

图 3-33 拉伸切除

图 3-34 完成图

21）选择"颜色" 🔵 工具，对图形进行着色，渲染，如图 3-35 所示。

22）保存模型，"文件名"输入"主动齿轮轴"，选择保存路径，如图 3-36 所示。

图 3-35 着色、渲染

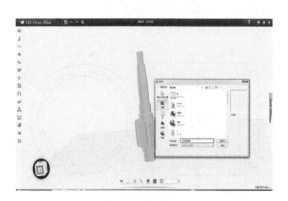

图 3-36 保存

【任务评价】

根据本任务学习内容及任务要求，结合课堂学习情况进行测评，具体评价内容见任务测评表（表3-1）。

表 3-1 任务测评表

序号	检测项目	项目要求	配分	得分		
				学生自评	小组互评	教师评价
1	零件完整性	完全建模完成	50			
2	操作规范性	按照操作规范操作	30			
3	协作精神	团队配合	10			
4	工作态度	态度端正	10			
小计						
总分						
完成任务结论性评价		□优秀 □良好 □一般 □及格 □不及格				

注："总分"成绩计算按照"小计"中"学生自评"的20%，"小组互评"的30%，"教师评价"的50%进行综合计算，其中，90≤总分≤100为"优秀"，80≤总分<90为"良好"，70≤总分<80为"一般"，60≤总分<70为"及格"，总分<60为"不及格"。

任务2 主动轴端盖（不通孔）的建模

【任务目标】

1. 熟练使用基本实体命令绘制实体。

2. 熟悉布尔运算的使用方法。

3. 熟练使用颜色命令对零件进行着色、渲染。

【任务描述】

如图 3-37 所示，主动轴端盖（不通孔）包括圆柱体、凹坑和凹槽等结构，可以采用基本实体叠加和布尔运算等功能完成零件的建模。

主动轴端盖（不通孔）

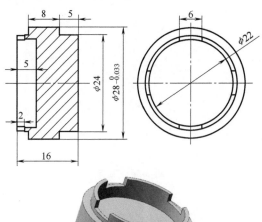

图 3-37 主动轴端盖（不通孔）

【任务实施】

1）在桌面上双击打开 3D One Plus 软件，选择"基本实体"中的"圆柱体" 工具，放置点在网格面中心（0，0，0），大小按图片尺寸设置，勾选确认，如图 3-38 所示。

2）选择"基本实体"中的"圆柱体" 工具，放置点在圆柱顶面中心，尺寸设置如图 3-39 所示，选择"加运算"，勾选

图 3-38 绘制圆柱体 1

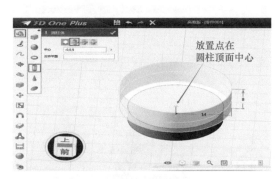

图 3-39 绘制圆柱体 2

确认。

3）选择"基本实体"中的"圆柱体" 工具，放置点在圆柱顶面中心，尺寸设置如图 3-40 所示，选择"加运算"勾选确认。

图 3-40 绘制圆柱体 3

4）选择"基本实体"中的"圆柱体" 工具，放置点在圆柱顶面中心，尺寸设置如图 3-41 所示，选择"减运算"，勾选确认。

5）选择"基本实体"中的"六面体" 工具，放置点在圆柱顶面中心，尺寸设置如图 3-42 所示，选择"减运算"，勾选确认。

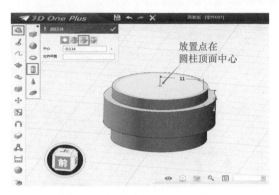

图 3-41　切除直径 $\phi22mm$ 的孔

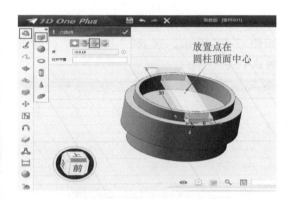

图 3-42　绘制凹槽 1

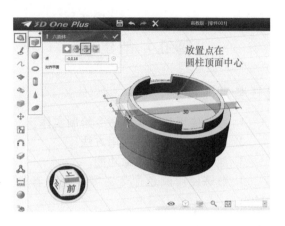

图 3-43　绘制凹槽 2

图 3-44　着色、渲染

6）选择"基本实体"中的"六面体"工具，放置点在圆柱顶面中心，尺寸设置如图 3-43 所示，选择"减运算"，勾选确认。

7）选择"颜色"工具，对零件进行着色、渲染，如图 3-44 所示。

8）保存模型，输入名称"主动轴端盖（不通孔）"。

【任务评价】

根据本任务学习内容及任务要求，结合课堂学习情况进行测评，具体评价内容见任务测评（表 3-2）。

表 3-2　任务测评表

序号	检测项目	项目要求	配分	得分		
				学生自评	小组互评	教师评价
1	零件完整性	完全建模完成	50			
2	操作规范性	按照操作规范操作	30			
3	协作精神	团队配合	10			
4	工作态度	态度端正	10			
小计						
总分						
完成任务结论性评价		□优秀　□良好　□一般　□及格　□不及格				

注："总分"成绩计算按照"小计"中"学生自评"的 20%，"小组互评"的 30%，"教师评价"的 50%进行综合计算，其中，90≤总分≤100 为"优秀"，80≤总分<90 为"良好"，70≤总分<80 为"一般"，60≤总分<70 为"及格"，总分<60 为"不及格"。

任务3 主动轴端盖（通孔）的建模

【任务目标】

1. 熟练使用基本实体命令绘制实体。
2. 熟悉布尔运算的使用方法。
3. 能够使用旋转切除功能。
4. 熟练使用颜色命令对零件进行着色、渲染。

【任务描述】

如图 3-45 所示，主动轴端盖（通孔）包括圆柱体、通孔、凹槽和内槽等结构，可以采用基本实体叠加、布尔运算和旋转切除等功能完成零件的建模。

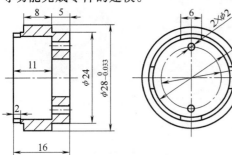

图 3-45　主动轴端盖（通孔）

【任务实施】

1）在桌面上双击打开 3D One Plus 软件，进入软件，选择"基本实体"中的"圆柱体" 🔵 工具，放置点在网格面中心（0，0，0），尺寸设置如图 3-46 所示，勾选确认。

2）选择"基本实体"中的"圆柱体"

图 3-46　绘制圆柱体 1

🔵 工具，放置点在圆柱顶面中心，尺寸设置如图 3-47 所示，选择"加运算"，勾选确认。

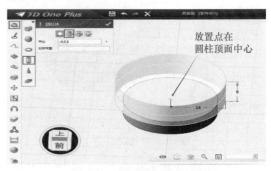

图 3-47　绘制圆柱体 2

3）选择"基本实体"中的"圆柱体" 🔵 工具，放置点在圆柱顶面中心，尺寸设置如图 3-48 所示，选择"加运算"，勾选确认。

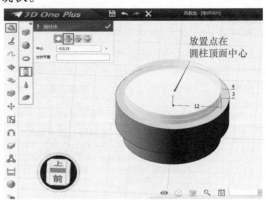

图 3-48　绘制圆柱体 3

4）选择"基本实体"中的"圆柱体" 🔵 工具，放置点在圆柱顶面中心，尺寸设置如图 3-49 所示，选择"减运算"，勾选确认。

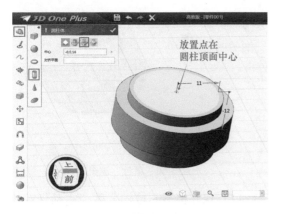

图 3-49 切除直径 ϕ22mm 孔

5）选择"基本实体"中"六面体" 工具，放置点在圆柱顶面中心，尺寸设置如图 3-50 所示，选择"减运算"，勾选确认。

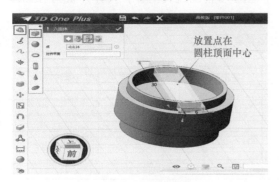

图 3-50 绘制凹槽 1

6）选择"基本实体"中的"六面体" 工具，放置点在圆柱顶面中心，尺寸设置如图 3-51 所示。选择"减运算"，勾选确认。

图 3-51 绘制凹槽 2

7）选择"基本实体"中的"圆柱体" 工具，放置点在圆柱孔底面中心，尺寸设置如图 3-52 所示，选择"减运算"，勾选确认。

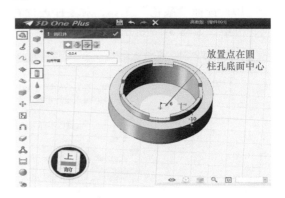

图 3-52 绘制中心通孔

8）选择"基本实体"中的"圆柱体" 工具，放置点在圆柱孔底面中心，尺寸设置如图 3-53 所示，选择"减运算"，勾选确认。

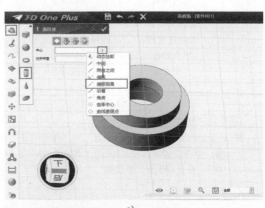

a)

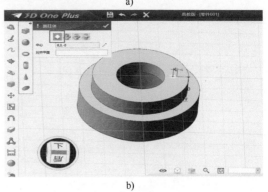

b)

图 3-53 绘制侧边通孔

9）选择"基本编辑"中的"镜像"
⊹⊹工具，镜像"方式"选择"线"，镜像
"实体"选择小圆柱体，选择"减运算"，勾
选确认，如图3-54所示。

10）选择"颜色"工具，对零件进行着
色、渲染，如图3-55所示。

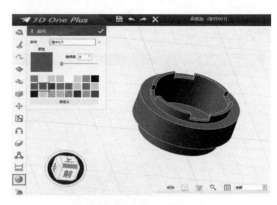

图3-55 着色、渲染

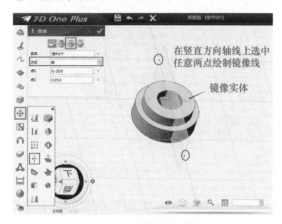

图3-54 镜像侧边通孔

11）保存模型，输入名称"主动轴端盖
（通孔）"。

【任务评价】

根据本任务学习内容及任务要求，结合
课堂学习情况进行测评，具体评价内容见任
务测评表（表3-3）

表3-3 任务测评表

序号	检测项目	项目要求	配分	得分		
				学生自评	小组互评	教师评价
1	零件完整性	完全建模完成	50			
2	操作规范性	按照操作规范操作	30			
3	协作精神	团队配合	10			
4	工作态度	态度端正	10			
	小计					
	总分					
完成任务结论性评价			□优秀 □良好 □一般 □及格 □不及格			

注："总分"成绩计算按照"小计"中"学生自评"的20%，"小组互评"的30%，"教师评价"的50%进行综合计
算，其中，90≤总分≤100为"优秀"，80≤总分<90为"良好"，70≤总分<80为"一般"，60≤总分<70为"及
格"，总分<60为"不及格"。

项目4 一级减速器模型的建模（三）

任务1 轴承的建模

【任务目标】

1. 熟练使用草图建模与基本实体建模绘制实体。

2. 熟悉阵列命令的使用方法。

3. 熟悉查找现行国家标准数据表的步骤和方法。

轴承

【任务描述】

如图 4-1 所示，轴承包括圆柱和球等结构，可以采用基本实体叠加、阵列和草图拉伸等功能完成零件的建模（注意：轴承属于标准件，具体尺寸可参考相关现行国家标准）。

【任务实施】

1）在桌面上双击打开 3D One Plus 软

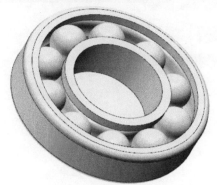

图 4-1 轴承三维模型

件，选择"草图绘制"工具中的"圆" ○ 工具，绘制如图 4-2 所示的 4 个圆，并标注，勾选后退出草图（考虑 3D 打印工艺，实际绘制公称直径为 φ12.5mm 的圆时，尺寸标注应为 φ12.1mm）。

图 4-2 绘制轴承外圆

2）选择"特征造型"中的"拉伸" 🧊 工具，"轮廓 P"选择"草图 1"，"拉伸类型"选择"对称"，长度输入"3"，勾选确认，如图 4-3 所示。

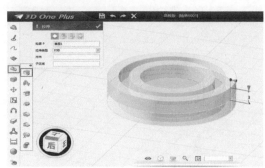

图 4-3 拉伸轴承外圆

3）选择"基本实体"中的"圆环体"⬭工具，放置点在网格面中心（0，0，0），尺寸设置如图4-4所示，选择"减运算"，勾选确认。

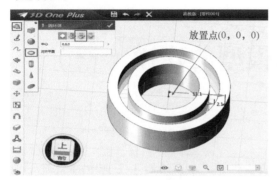

图4-4 绘制轴承槽

4）选择"基本实体"中的"圆球体"●工具，放置点在网格面中心（0，0，0），尺寸设置如图4-5所示，勾选确认。

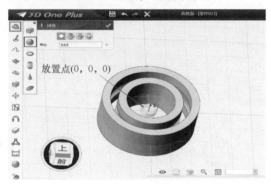

图4-5 绘制钢球

5）选择"基本编辑"中的"移动"📄工具，选择"动态移动"，选择图示圆球将其向左移动9mm，勾选确认，如图4-6所示。

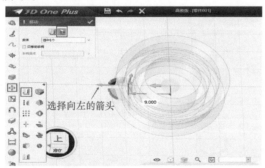

图4-6 移动钢球

6）选择"基本编辑"中的"阵列"工具，选择"圆环"方式，"基体"选择球体，"方向"选择圆柱轴线（鼠标放置在大致中心位置后可以自动捕捉），个数输入"12"，勾选确认，如图4-7所示。

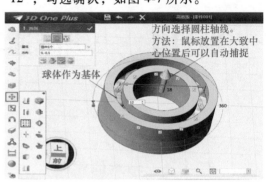

图4-7 阵列

7）选择"特征造型"中的"圆角"工具，选择最外侧圆柱的上、下边线，半径输入"1"，勾选确认，如图4-8所示。

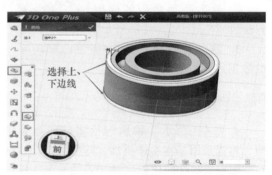

图4-8 圆角 *R*1mm

8）选择"颜色"工具，对零件进行着色、渲染，如图4-9所示。

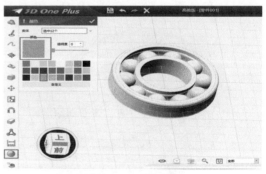

图4-9 着色、渲染

9）保存模型，"文件名"输入"轴承"。

【任务评价】

根据本任务学习内容及任务要求，结合课堂学习情况进行测评，具体评价内容见任务测评表（表4-1）。

表 4-1　任务测评表

序号	检测项目	项目要求	配分	得分		
				学生自评	小组互评	教师评价
1	零件完整性	完全建模完成	50			
2	操作规范性	按照操作规范操作	30			
3	协作精神	团队配合	10			
4	工作态度	态度端正	10			
小计						
总分						
完成任务结论性评价			□优秀　□良好　□一般　□及格　□不及格			

注："总分"成绩计算按照"小计"中"学生自评"的20%，"小组互评"的30%，"教师评价"的50%进行综合计算，其中，90≤总分≤100为"优秀"，80≤总分<90为"良好"，70≤总分<80为"一般"，60≤总分<70为"及格"，总分<60为"不及格"。

任务2　圆柱齿轮的建模

【任务目标】

1. 熟练使用草图建模绘制实体。
2. 熟悉草图绘制和特征阵列命令的使用方法。
3. 能够根据公式计算圆柱齿轮的基本尺寸。

圆柱齿轮

【任务描述】

齿轮基本结构如图4-10所示，齿轮基本参数见表4-2。如图4-11所示，圆柱齿轮由可以采用草图拉伸的功能完成零件的建模（齿轮的模数为1.5mm，齿数为54）。

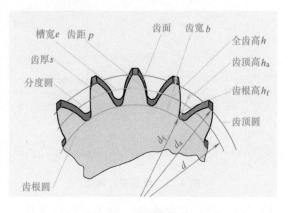

图 4-10　齿轮基本结构

表 4-2　齿轮基本参数

名称	代号	经验计算公式	备注
模数	m	—	查阅常用齿轮模数表
齿数	z	—	设计时给出
齿顶圆直径	d_a	$d_a = m(z+2)$	—
分度圆直径	d	$d = mz$	—
齿根圆直径	d_f	$d_f = m(z-2.5)$	—

图 4-11　圆柱齿轮三维模型

【任务实施】

1）在桌面上双击打开 3D One Plus 软件，选择"草图绘制"中的"圆""直线"工具，圆的放置点在网格面中心（0，0，0），轮廓按图片尺寸设置，勾选确认，绘制过程如图4-12~图4-17所示（考虑3D打印工艺，实际绘制半径为 $R12.5$mm 的圆时，尺寸标注应为 $R12.1$mm）。

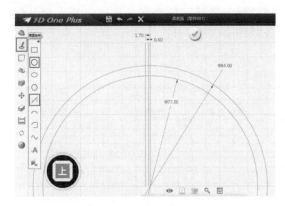

图 4-12　绘制齿轮齿廓

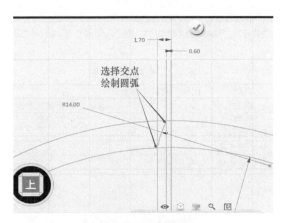

图 4-13　绘制圆弧

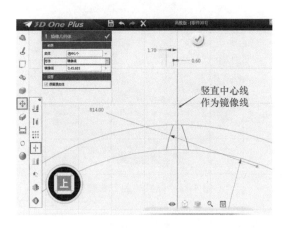

图 4-14　镜像曲线

2）选择"特征造型"中的"拉伸" 工具，"拉伸类型"选择"1 边"，"轮廓 P"选择"草图 1"，高度输入"14"，勾选确认，如图 4-18 所示。

3）选择"颜色"工具，对图形进行着色、渲染，如图 4-19 所示。

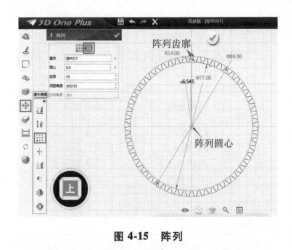

图 4-15　阵列

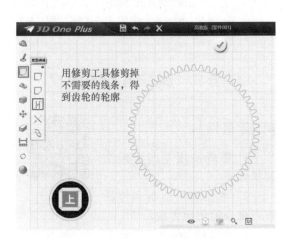

图 4-16　修剪轮廓

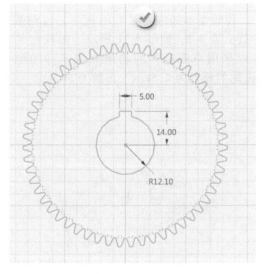

图 4-17　绘制圆孔和槽

4）保存模型，"文件名"输入"圆柱齿轮"。

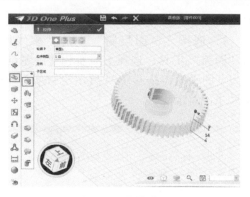

图 4-18　拉伸草图

图 4-19　着色、渲染

【任务评价】

根据本任务学习内容及任务要求，结合课堂学习情况进行测评，具体评价内容见任务测评表（表 4-3）。

表 4-3　任务测评表

序号	检测项目	项目要求	配分	得分		
				学生自评	小组互评	教师评价
1	零件完整性	完全建模完成	50			
2	操作规范性	按照操作规范操作	30			
3	协作精神	团队配合	10			
4	工作态度	态度端正	10			
	小计					
	总分					
完成任务结论性评价			□优秀　□良好　□一般　□及格　□不及格			

注："总分"成绩计算按照"小计"中"学生自评"的20%，"小组互评"的30%，"教师评价"的50%进行综合计算，其中，90≤总分≤100 为"优秀"，80≤总分<90 为"良好"，70≤总分<80 为"一般"，60≤总分<70 为"及格"，总分<60 为"不及格"。

任务 3　螺塞的建模

【任务目标】

1. 熟练使用草图建模与基本实体建模绘制实体。
2. 熟悉螺纹的建模方法。
3. 熟悉查找现行国家标准数据表的步骤和方法。

螺塞

【任务描述】

如图 4-20 所示，螺塞包括六棱柱圆柱体、螺纹和倒角等结构，可以采用布尔运算、扫掠和草图拉伸等功能完成零件的绘制（注意：具体尺寸详见步骤讲解）。

图 4-20　螺塞三维模型

【任务实施】

1）在桌面上双击打开 3D One Plus 软件，选择"草图绘制"中的"多边形" ⬡ 工具，选择网格面作为草图平面，按图 4-21 所示绘制草图并标注尺寸，勾选确认。

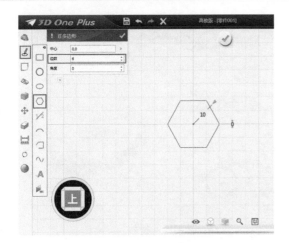

图 4-21 绘制正六边形

2）选择"特征造型"中的"拉伸" 工具，"轮廓 P"选择"草图 1"，"拉伸类型"选择"1 边"，高度输入"5"，勾选确认，如图 4-22 所示。

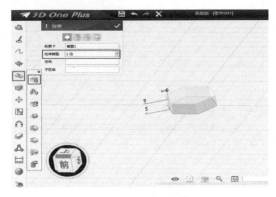

图 4-22 拉伸草图

3）选择"插入基准面"中的"XZ 平面" 工具，具体参数设置如图 4-23 所示，

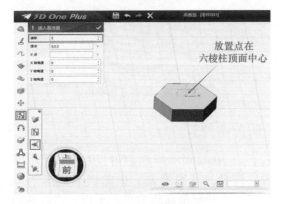

图 4-23 插入基准面

勾选确认。

4）选择"草图绘制"中的"多线段"和"圆弧"工具，选择上一步创建的基准面作为草图平面，按图 4-24 所示绘制草图并标注尺寸，勾选确认。

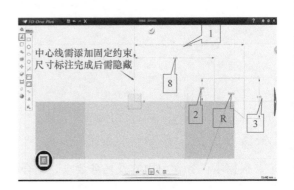

图 4-24 绘制草图

5）选择"特征造型"中的"旋转" 工具，"轮廓 P"选择"草图 6"，旋转轴线选择基准面所在的中心线，方向如图 4-25 中黄色箭头所示，勾选确认。

图 4-25 旋转切除

6）选择"基本实体"中的"圆柱体" 工具，放置点在六棱柱顶面中心，半径输入"6"，高度输入"12"，选择"加运算"，勾选确认，如图 4-26 所示。

7）选择"特征造型"中的"倒角" 工具，选择圆柱上边线，倒角大小 $C1mm$，如图 4-27 所示。

8）选择"空间曲线描绘"中的"螺纹线" 工具，"起点"选择圆柱下边线的任意点，"轴"选择圆柱的轴线，方向向上

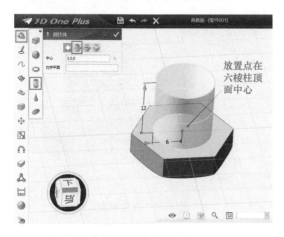

图 4-26 添加圆柱体

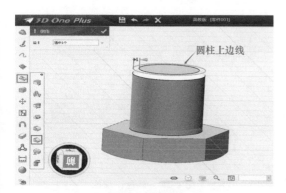

图 4-27 倒角

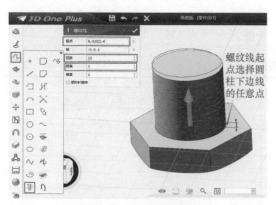

图 4-28 绘制螺纹线

9）如图 4-29 所示，选择"草图绘制"中的"直线"工具，选择上一步建立的螺纹线的起点作为草图平面，网格面会垂直于螺纹线。按图 4-30 所示绘制草图并标注尺寸，勾选确认。

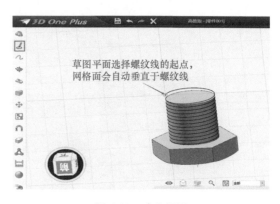

图 4-29 建立平面

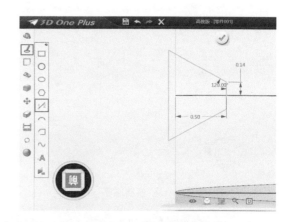

图 4-30 绘制螺纹槽

10）选择"特征造型"中的"扫掠"工具，"轮廓 P1"选择"草图 7"，具体参数按图 4-31 所示设置，勾选确认，如图 4-32 所示。

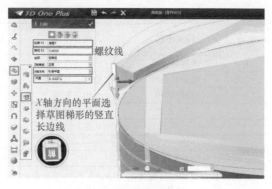

图 4-31 设置参数

11）选择"基本编辑"中的"移动"工具，将螺塞向下移动 1mm，勾选确认，如图 4-33 所示。

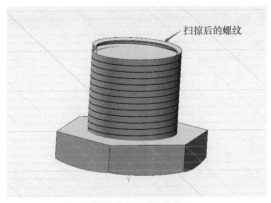

图 4-32　扫掠螺纹

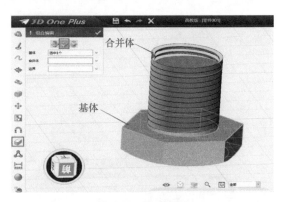

图 4-34　建立螺纹

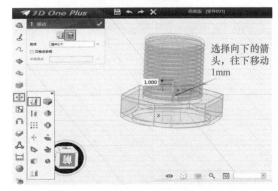

图 4-33　移动螺塞

图 4-35　着色、渲染

12）选择"组合编辑" 🔲 工具，对螺塞和螺纹进行"减运算"，勾选确认，如图4-34所示。

13）选择"颜色"工具，对零件进行着色、渲染，如图4-35所示。

14）保存模型，输入"文件名""螺塞"。

【任务评价】

根据本任务学习内容及任务要求，结合课堂学习情况进行测评，具体评价内容见任务测评表（表4-4）。

表 4-4　任务测评表

序号	检测项目	项目要求	配分	得分		
				学生自评	小组互评	教师评价
1	零件完整性	完全建模完成	50			
2	操作规范性	按照操作规范操作	30			
3	协作精神	团队配合	10			
4	工作态度	态度端正	10			
	小计					
	总分					
完成任务结论性评价			□优秀　□良好　□一般　□及格　□不及格			

注："总分"成绩计算按照"小计"中"学生自评"的20%，"小组互评"的30%，"教师评价"的50%进行综合计算，其中，90≤总分≤100为"优秀"，80≤总分<90为"良好"，70≤总分<80为"一般"，60≤总分<70为"及格"，总分<60为"不及格"。

项目5 一级减速器模型的建模（四）

任务1 箱体的建模

【任务目标】

1. 熟练使用草图建模与基本实体建模绘制实体。

2. 熟悉布尔运算的使用方法。

3. 熟悉识读复杂零件图的步骤和方法。

箱体（一）

箱体（二）

【任务描述】

如图 5-1、图 5-2 所示，箱体包括底板、壳体、半圆柱、加强筋和异型结构等特征，可以采用基本实体叠加、布尔运算、导入、螺旋线及草图拉伸等功能完成零件的建模。

【任务实施】

1）在桌面上双击打开 3D One Plus 软件，选择"基本实体"中的"六面体"工具，放置点在网格面中心（0，0，0），尺寸设置如图 5-3 所示，勾选确认。

2）选择"基本实体"中的"六面体"工具，放置点在网格面中心（0，0，0），尺寸设置如图 5-4 所示，选择"减运算"，勾选确认。

3）选择"基本实体"中的"六面体"工具，放置点在长方体顶面中心，尺寸设置如图 5-5 所示，选择"加运算"，勾选确认。

4）选择"基本实体"中的"六面体"工具，放置点在长方体顶面中心，尺寸设置如图 5-6 所示，选择"加运算"，勾选确认。

5）选择"基本实体"中的"六面体"工具，放置点在长方体顶面中心，尺寸设置如图 5-7 所示，勾选确认。

6）选择"基本实体"中的"六面体"工具，放置点在长方体顶面中心（鼠标放置在大致中心位置时会自动捕捉），尺寸设置如图 5-8 所示，勾选确认。

7）选择"基本实体"中的"六面体"工具，放置点在长方体顶面中心，尺寸设置如图 5-9 所示，勾选确认。

8）选择"基本编辑"中的"移动"工具，选择图示两个长方体，将它们向左移动 6mm，勾选确认，如图 5-10 所示。

9）选择"组合编辑"工具，选择"加运算"，图 5-11 所示两个长方体分别作为"基体"和"合并体"，勾选确认。

10）选择"基本实体"中的"六面体"工具，放置点在长方体顶面中心，尺寸设置如图 5-12 所示，勾选确认。

11）选择"组合编辑"工具，选择"减运算"，图 5-13 所示两个长方体分别作为"基体"和"合并体"，勾选确认。

12）选择"基本实体"中的"六面体"工具，放置点在长方体顶面中心，尺寸设置如图 5-14 所示，选择"减运算"，勾选确认。

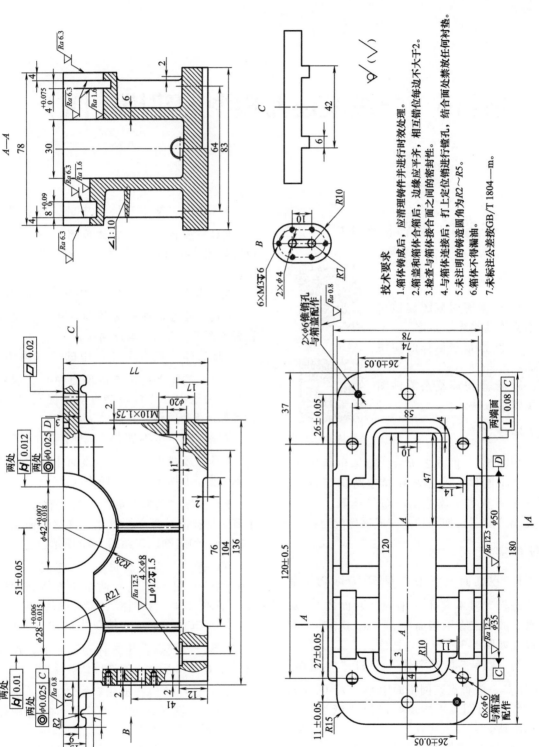

技术要求
1.箱体铸成后,应清理铸件并进行时效处理。
2.箱盖和箱体合箱后,边缘应平齐,相互错位每边不大于2。
3.检查与箱体接合面之间的密封性。
4.与箱体连接后,配上定位销进行镗孔,结合面处禁放任何衬垫。
5.未注明的铸造圆角为R2~R5。
6.箱体不得漏油。
7.未标注公差按GB/T 1804—m。

图5-1 箱体零件图

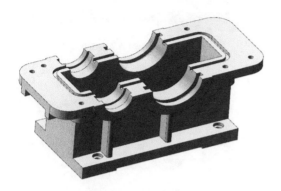

图 5-2 箱体三维模型

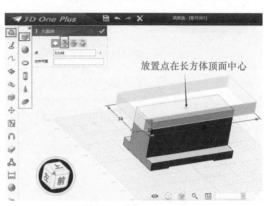

图 5-6 绘制长方体 3

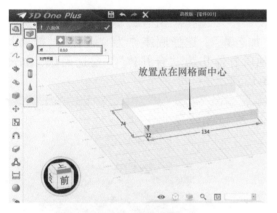

图 5-3 绘制底座

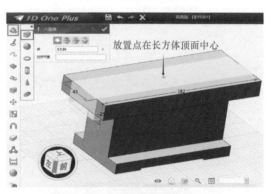

图 5-7 绘制长方体 4

图 5-4 绘制长方体 1

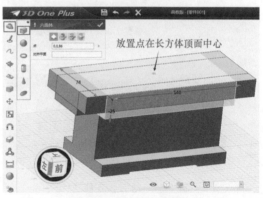

图 5-8 绘制长方体 5

图 5-5 绘制长方体 2

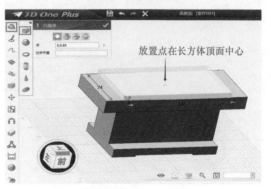

图 5-9 绘制长方体 6

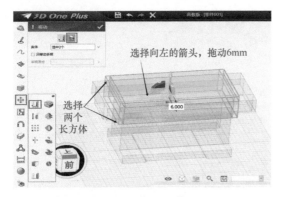

图 5-10　移动长方体

图 5-11　组合长方体

图 5-12　绘制长方体 7

图 5-13　组合长方体

图 5-14　绘制长方体 8

13）选择"组合编辑" 工具，选择"加运算"，选择底座作为"基体"，框选其他所有体作为"合并体"，勾选确认，如图5-15 所示。

图 5-15　组合长方体

14）选择"草图绘制" 中"直线" 工具，选择图 5-16 示边线的中点作为草图平面，进入草图。

a)

图 5-16　绘制草图 1

选择两竖线的中心点，绘制直线

单击右端点，在弹出的对话框中选择约束

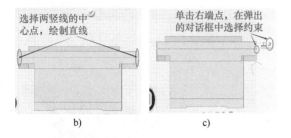

b)　　　　　　c)

图5-16　绘制草图1（续）

① 将中心线固定，如图5-17所示。

弹出命令后再次单击右端点

图5-17　添加约束

② 标注尺寸，单击标注的线，弹出对话框，选择"快速标注" 🔲工具，具体尺寸标注如图5-18所示。

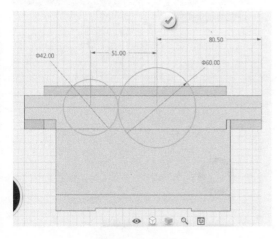

图5-18　标注尺寸

③ 图形绘制完成后隐藏中心线，如图5-19所示。

④ 选择"参考几何体"工具，选择图5-20所示的两条边线。

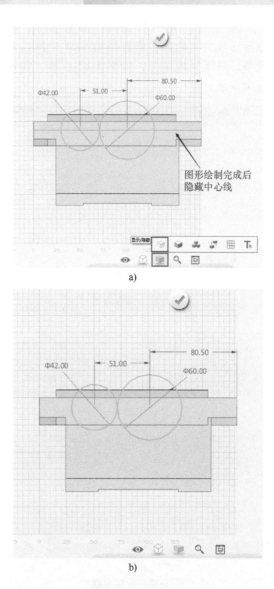

图形绘制完成后隐藏中心线

a)

b)

图5-19　隐藏中心线

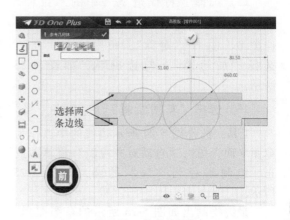

选择两条边线

图5-20　参考几何体

⑤ 选择"修剪"工具，修剪图形，使图形形成封闭轮廓，修剪掉图 5-21 中圈内的线条，最终完成草图，如图 5-22 所示，勾选退出草图。

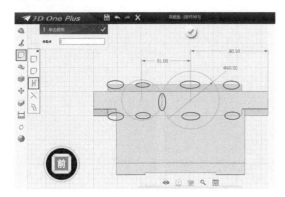

图 5-21　修剪图形

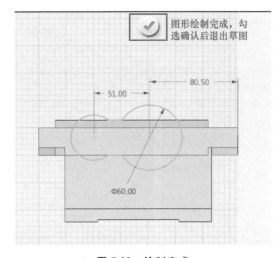

图 5-22　绘制完成

15) 选择"特征造型"中的"拉伸" 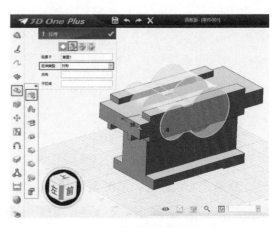 工具，"轮廓 P"选择"草图 1"，"拉伸类型"选择"对称"，长度输入"38"，选择"加运算"，勾选确认，如图 5-23 所示。

16) 选择"草图绘制" ✎ 中的"圆" ◯ 工具，选择图 5-24 所示边线的中点作为草图平面，单击"自动对齐视图"将草图放正，绘制半径为"56"的圆，如图 5-25 所示。

最终绘制出如图 5-26 所示的草图图形，勾选退出草图。

图 5-23　拉伸草图 1

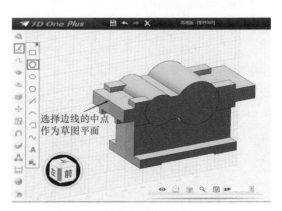

图 5-24　选择草图平面

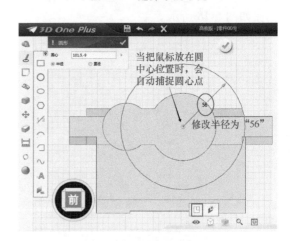

图 5-25　绘制草图 2

17) 选择"特征造型"中的"拉伸" 工具，"轮廓 P"选择"草图 2"，"拉伸类型"选择"对称"，长度输入"21.5"，选择"加运算"，勾选确认，如图 5-27 所示。

18) 选择"基本实体"中的"六面体"

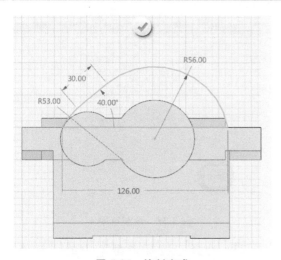

图5-26　绘制完成

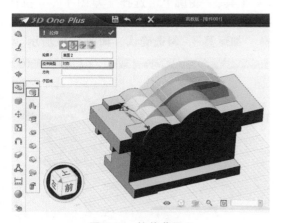

图5-27　拉伸草图2

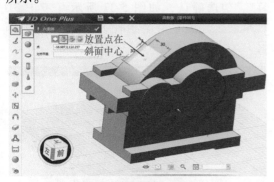

图5-28　绘制长方体9

19）选择"插入基准面"中的"YZ" ，分别通过侧面两圆心建立两基准面，

勾选确认，如图5-29所示。

图5-29　建立基准面

20）选择"草图绘制" 中的"直线" 工具，选择图5-30中所示基准面作为草图平面，单击"自动对齐视图"，将草图放正，绘制草图，尺寸设置如图5-31所示。

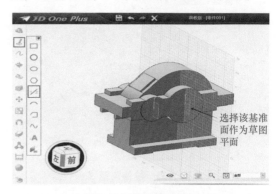

图5-30　选择草图平面

图5-31　绘制草图3

工具，放置点在图5-28所示的斜面中心，其长、宽和高分别为"30" "30"和"3"，选择"加运算"，勾选确认，如图5-28所示。

注意：标注尺寸时，先将中心线固定，单击中心线后在弹出对话框中选择约束命令，标注后隐藏中心线，勾选退出草图，如

图 5-32 所示。

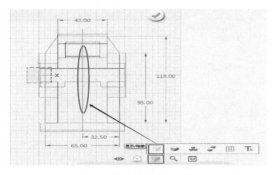

图 5-32　隐藏中心线

21) 选择"特征造型"中的"拉伸" 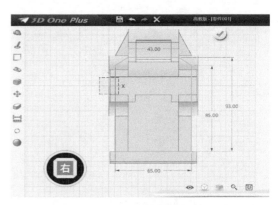 工具,"轮廓 P"选择"草图 3","拉伸类型"选择"对称",长度输入"2.5",选择"加运算",勾选确认,如图 5-33 所示。

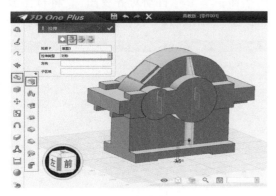

图 5-33　拉伸草图 3

22) 选择"草图绘制" 中的"直线" 工具,选择图 5-34 所示基准面作为草图平面,单击"自动对齐视图",将草图放正,绘制草图,尺寸设置如图 5-35 所示。勾选退出草图。

图 5-34　选择草图平面

图 5-35　绘制草图 4

23) 选择"特征造型"中的"拉伸" 工具,"轮廓 P"选择"草图 4","拉伸类型"选择"对称",长度输入"2.5",选择"加运算",勾选确认,如图 5-36 所示。

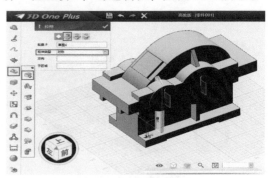

图 5-36　拉伸草图 4

24) 选择"基本实体"中的"圆柱体" 工具,放置点在侧面圆心,半径输入"21.1",高度输入"-80",选择"减运算",勾选确认,如图 5-37 所示(考虑 3D 打印工艺,实际绘制半径为 $R21.3$mm 的圆时,尺寸标注应为 $R21.1$mm)。

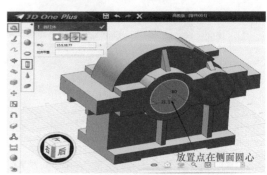

图 5-37　绘制通孔 1

25）用同样的方法绘制小圆柱，半径输入"12.1"，高度输入"-80"，选择"减运算"，勾选确认，如图 5-38 所示（考虑 3D 打印工艺，实际绘制半径为 R12.3mm 的圆时，尺寸标注应为 R12.1mm）。

图 5-38 绘制通孔 2

26）选择"草图绘制" 🖊 中的"直线" 📏 和"圆" ⭕ 工具，选择图 5-39 中的黄色表面作为草图平面，绘制 6 个直径为"4"的圆，标注尺寸后删除中心线，勾选退出草图，如图 5-40 所示。

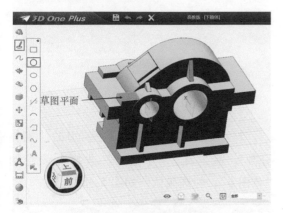

图 5-39 选择草图平面

27）选择"特征造型"中的"拉伸" 🧊 工具，"轮廓 P"选择"草图 5"，"拉伸类型"选择"1 边"，长度输入"-40"，选择"减运算"，勾选确认，如图 5-41 所示。

28）选择"基本实体"中的"圆柱体" 🛢️ 工具，放置点在侧面圆孔中心，半径输入"24.6"，高度输入"-4"，勾选确认，如图 5-42 所示（考虑 3D 打印工艺，绘制半

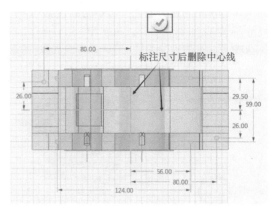

图 5-40 绘制草图 5

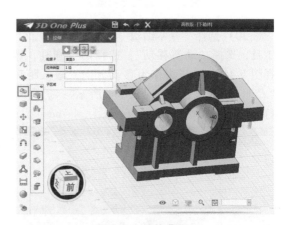

图 5-41 拉伸草图 5

径为 R24.8mm 的圆和标注-4.6mm 的高度尺寸时，尺寸标注应分别为 R24.6mm 和-4.1mm）。

图 5-42 绘制圆柱体 1

29）选择"基本实体"中的"圆柱体" 🛢️ 工具，放置点选择侧面圆孔中心，半径输入"14.1"，高度输入"-8"，勾选确认，如图 5-43 所示（考虑 3D 打印工艺，绘制半径

为 $R14.3mm$ 的圆和标注 -8.6 的高度尺寸时，尺寸标注应分别为 $R14.1mm$ 和 $-8.1mm$）。

图 5-43　绘制圆柱体 2

30）选择"基本编辑"中的"移动" 工具，选择"动态移动"，选择两个圆柱，选择图 5-44 中的箭头作为移动方向，输入距离"-5"，勾选确认，如图 5-44 所示（考虑 3D 打印工艺，尺寸 $-4.9mm$ 应标注为 $-4.7mm$）。

图 5-44　移动实体

31）选择"基本编辑"中的"镜像" 工具，镜像"方式"选择"线"，选择两条边线中点绘制虚拟中心线，选择两个圆柱，选择"减运算"，勾选确认，如图 5-45 所示。

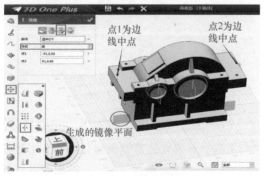

图 5-45　镜像实体

32）选择"草图绘制" 中的"直线" 工具，选择图 5-46 中的黄色表面作为草图平面，绘制过两圆心的水平线，勾选退出，如图 5-47 所示。

图 5-46　选择草图平面

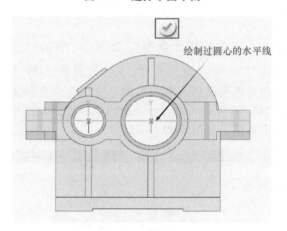

图 5-47　绘制草图 6

33）选择"特殊功能" 中的"实体分割" 工具，"分割 C"选择上步绘制"草图 6"，勾选确认，如图 5-48 所示。

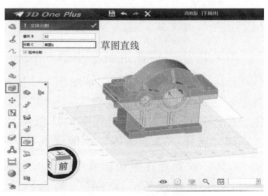

图 5-48　分割实体

34）选择"3D One Plus"图标中的"导出"菜单，按下面步骤，将"箱盖"导出，勾选确认，如图5-49~图5-51所示。

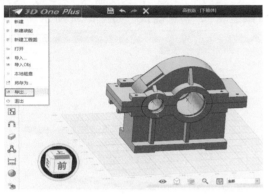

图 5-49 导出箱盖

图 5-50 输入"文件名"

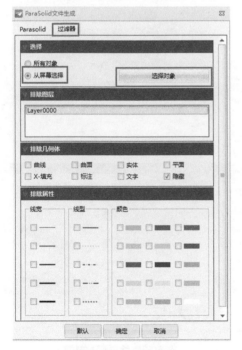

图 5-51 选择对象

35）导出箱盖后，选择菜单中的"删除"工具，选择箱盖，勾选确认后将其删除，如图5-52所示。

图 5-52 删除箱盖

36）选择"基本实体"中的"六面体"工具，放置点在底面中心，尺寸设置如图5-53所示，勾选确认。

图 5-53 绘制长方体10

37）选择"基本编辑"中的"移动"工具，选择"动态移动"，选择六面体，选择图5-54中的竖直箭头作为移动方向，输入距离"10"，勾选确认。

38）选择"组合编辑"工具，选择"减运算"，"基体"选择箱体，"合并体"选择六面体，勾选确认，如图5-55所示。

39）选择"草图绘制"中的"矩形"工具，选择图5-56中的黄色表面作为草图平面，选择"偏移"工具，对矩形孔的边线进行偏移（参考图示尺寸）按图中要求偏移矩形，勾选退出，如图5-57所示。

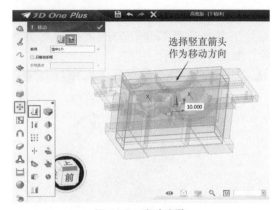

图 5-54 移动实体

图 5-55 组合长方体

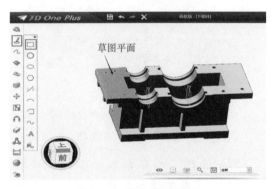

图 5-56 选择草图平面

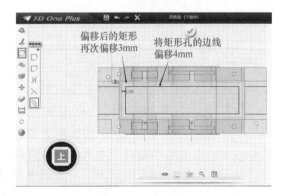

图 5-57 绘制草图 7

40）选择"特征造型"中的"拉伸"工具，"轮廓 P"选择"草图 7"，"拉伸类型"选择"1 边"，长度输入"-3"，选择"减运算"，勾选确认，如图 5-58 所示。

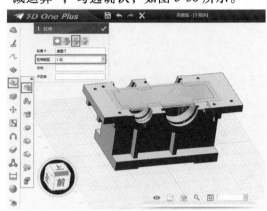

图 5-58 拉伸草图 7

41）选择"基本实体"中的"圆柱体"工具，"对齐平面"选择黄色侧面，放置点选择底面边线中心，选择右侧"三角号"中的"偏移距离"方式，参数设置如图 5-59 所示，半径输入"11"，高度输入"2"，选择"加运算"，勾选确认，如图 5-59、图 5-60 所示。

图 5-59 偏移距离

图 5-60 绘制圆柱体 3

42）选择"基本实体"中的"圆柱体" 🛢工具，半径输入"6.1"，高度输入"-15"，勾选确认，如图5-61所示。

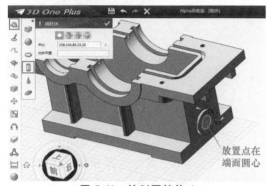

图5-61 绘制圆柱体4

43）选择"基本编辑"中的"DE面偏移" 🗔工具，"偏移T"为"5"，勾选确认，如图5-62所示。

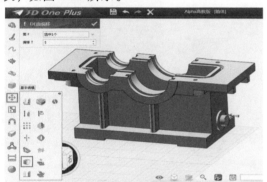

图5-62 偏移实体

44）选择"空间曲线描绘"中的"螺纹线" 🧵工具，"起点"选择圆柱边线上的任意点，"轴"选择圆柱的轴线，方向向左，见图5-63中的绿色箭头，参数按图设置。

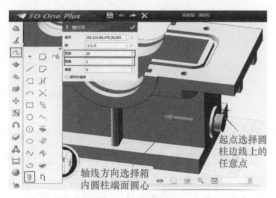

图5-63 绘制螺纹线

45）选择"草图绘制"中的"直线" 🖊工具，选择图5-64中的螺纹线端点作为草图平面，绘制梯形，并标注尺寸，勾选退出，如图5-65所示。

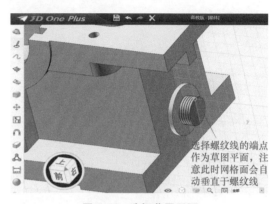

图5-64 选择草图平面

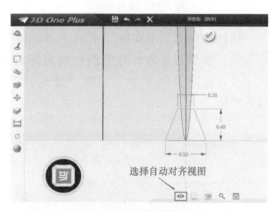

图5-65 绘制草图8

46）选择"特征造型"中的"扫掠" 🗔工具，"轮廓P1"选择"草图8"，参数设置如图5-66所示，勾选确认。

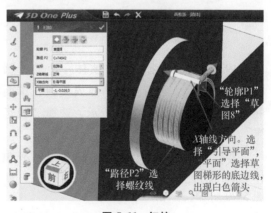

图5-66 扫掠

47）选择"组合编辑" 🧊 工具，对圆柱和箱体进行"减运算"，勾选确认，如图5-67所示。

图 5-67　组合实体

48）选择"基本实体"中的"圆柱体" 🛢 工具，放置点在箱体外侧圆柱端面圆心，尺寸设置如图5-68所示，选择"减运算"，勾选确认。

图 5-68　绘制圆柱体 5

49）同理，选择"基本实体"中的"圆柱体" 🛢 工具，放置点在箱体内侧圆柱端面圆心，尺寸设置如图5-69所示，选择"减运算"，勾选确认。

50）选择"组合编辑" 🧊 工具，对箱体和螺纹进行"加运算"，勾选确认，如图5-70所示。

51）选择"草图绘制" ✎ 中的"直线"

图 5-69　绘制圆柱体 6

✎ 和"圆" ○ 工具，选择箱体的左侧面作为草图平面，绘制2个直径为"4"的圆，标注尺寸后删除底边线，勾选退出，如图5-71所示。

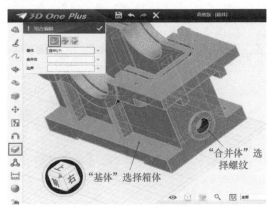

图 5-70　组合实体

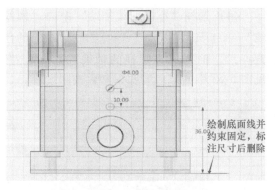

图 5-71　绘制草图 9

52）选择"特征造型"中的"拉伸" 🧊 工具，"轮廓P"选择"草图9"，"拉伸类型"选择"1边"，长度输入"-15"，选择"减运算"，勾选确认，如图5-72所示。

图 5-72　拉伸草图 9

53）选择"草图绘制" 中的"直线" 和"圆" 工具，选择箱体的左侧面作为草图平面，绘制 4 个直径为"1.5"的圆，标注尺寸后删除中心线，勾选退出，如图 5-73 所示。

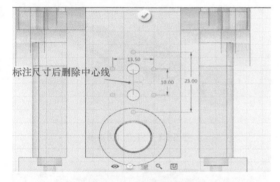

图 5-73　绘制草图 10

54）选择"特征造型"中的"拉伸" 工具，"轮廓 P"选择"草图 10"，"拉伸类型"选择"1 边"，长度输入"-15"，选择"减运算"，勾选确认，如图 5-74 所示。

55）选择"草图绘制" 中的"直线" 和"圆" 工具，选择顶面作为草图平面，绘制 4 个直径为"4"圆，标注尺寸后删除中心线，勾选退出，如图 5-75 所示。

56）选择"特征造型"中的"拉伸" 工具，"轮廓 P"选择"草图 11"，"拉伸类型"选择"1 边"，长度输入"-20"，选择"减运算"，勾选确认，如图 5-76 所示。

图 5-74　拉伸草图 10

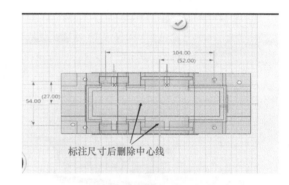

图 5-75　绘制草图 11

图 5-76　拉伸草图 11

57）选择"基本实体"中的"圆柱体" 工具，放置点在圆孔中心，按图设置参数，然后将圆柱体半径为"4"，高度"-3"，选择"减运算"勾选确认，同理做其他三个沉头，如图 5-77 所示。

58）选择"特征造型"中的"圆角" 工具，选择需要倒圆角的边线，圆角半径输入"15",勾选确认,如图5-78所示。

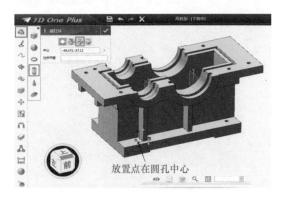

图5-77 绘制圆柱体7

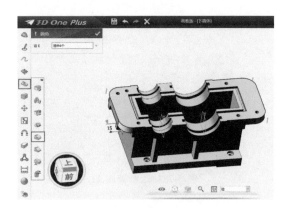

图5-78 圆角R15mm

59)同理,绘制如图5-79所示的四个圆角R7mm。

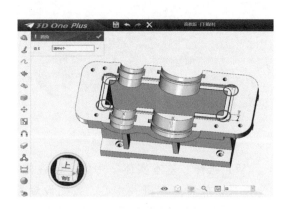

图5-79 圆角R7mm

60)同理,绘制如图5-80所示的4个圆角R10mm。

61)同理,绘制如图5-81所示的4个圆角R8mm。

角R8mm。

62)同理,绘制如图5-82所示的8个圆角R2mm。

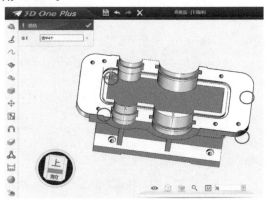

图5-80 圆角R10mm

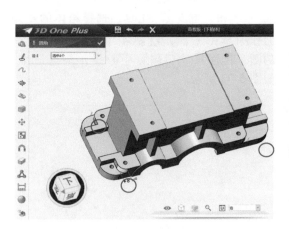

图5-81 圆角R8mm

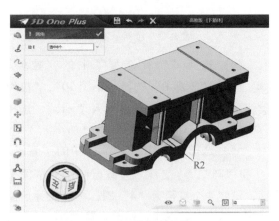

图5-82 圆角R2mm

63)选择"颜色"工具,选择自己喜欢的颜色,对图形进行着色、渲染,勾选确认,如图5-83所示。

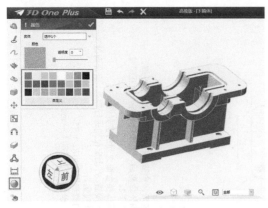

图 5-83 着色、渲染

64）保存模型，输入"文件名""箱体"。

【任务评价】

根据本任务学习内容及任务要求，结合课堂学习情况进行测评，具体评价内容见任务测评表（表 5-1）。

表 5-1 任务测评表

序号	检测项目	项目要求	配分	得分		
				学生自评	小组互评	教师评价
1	零件完整性	完全建模完成	50			
2	操作规范性	按照操作规范操作	30			
3	协作精神	团队配合	10			
4	工作态度	态度端正	10			
		小计				
		总分				
完成任务结论性评价			□优秀 □良好 □一般 □及格 □不及格			

注："总分"成绩计算按照"小计"中"学生自评"的20%，"小组互评"的30%，"教师评价"的50%进行综合计算，其中，90≤总分≤100 为"优秀"，80≤总分<90 为"良好"，70≤总分<80 为"一般"，60≤总分<70 为"及格"，总分<60 为"不及格"。

任务 2 箱盖的建模

【学习目标】

箱盖

1. 熟练使用草图建模与基本实体建模绘制实体。
2. 熟悉布尔运算的使用方法。
3. 掌握识读复杂零件图的步骤和方法。

【任务描述】

如图 5-84、图 5-85 所示，箱盖包括立方体、圆柱体和异型结构等结构，可以采用基本实体叠加、布尔运算及草图拉伸等功能完成零件的建模。

【任务实施】

1）在桌面上双击打开 3D One Plus 软件，或者单击软件左上角 3D One Plus，选择"新建"窗口，选择"导入"，文件类型选择"x_t"，单击打开之前导出的"箱盖"数据📁，在弹出的对话框中单击"确定"，导入数据，如图 5-86 所示。

2）选择"草图绘制" 🖊 中的"直线" 🖊 工具，选择过图 5-87 中边线中点的垂直面作为草图平面，选择"偏移"工具，将图示外边线向内偏移 6mm，绘制圆弧和直线使偏移后的曲线成为封闭图形，如图 5-88 所示。

3）选择"特征造型"中的"拉伸" 🔲 工具，"轮廓 P"选择"草图 1"，"拉伸类型"选择"对称"，长度"15.5"，选择"减运算"，勾选确认，如图 5-89 所示。

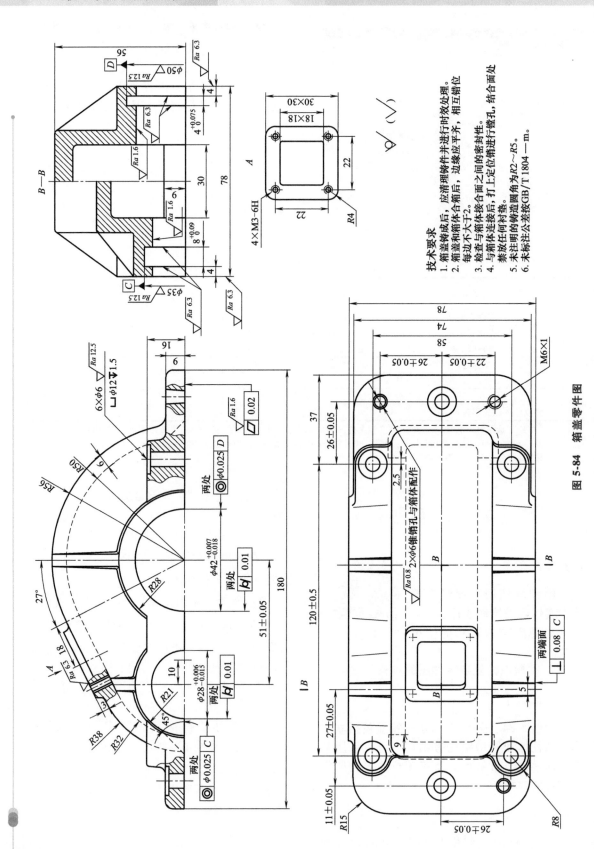

技术要求
1. 箱盖铸成后，应清理铸件并进行时效处理。
2. 箱盖和箱体合箱后，边缘应平齐，相互错位每边不大于2。
3. 检查与箱体接合面之间的密封性。
4. 与箱体连接后，打上定位销进行铰孔，结合面处禁放任何衬垫。
5. 未标明的铸造圆角为R2～R5。
6. 未标注公差按GB/T 1804 — m。

图 5-84　箱盖零件图

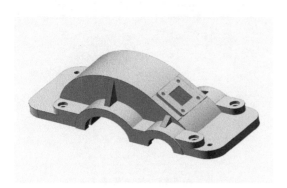

图 5-85 箱盖三维模型

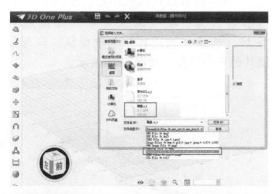

图 5-86 导入文件

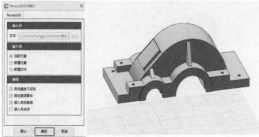

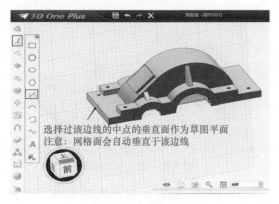

选择过该边线的中点的垂直面作为草图平面
注意：网格面会自动垂直于该边线

图 5-87 选择草图平面

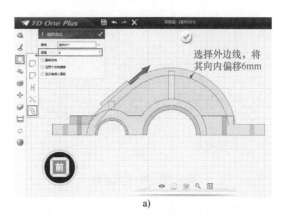

选择外边线，将
其向内偏移6mm

a)

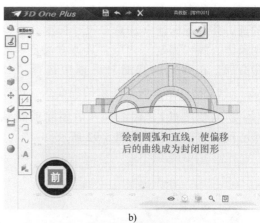

绘制圆弧和直线，使偏移
后的曲线成为封闭图形

b)

图 5-88 绘制草图 1

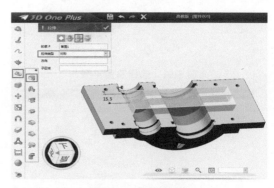

图 5-89 拉伸草图 1

4）选择"基本实体"中的"六面体" 工具，放置点在图 5-90 中的斜面中心，"长""宽"和"高"分别为"15""15"和"-15"，选择"减运算"，勾选确认。

5）选择"草图绘制" 中的"圆" 和"直线" 工具，选择图 5-91 中的黄色斜面作为草图平面，选择"查看视图"

图 5-90　绘制长方体

图 5-93　拉伸草图 2

中的"自动对齐视图" 工具，将草图放正，绘制图示中心线和 4 个直径为"1.5"的圆，并进行标注（注意：尺寸标注前需对两条中心线"固定"约束，具体方法是单击中心线，在弹出的智能对话框中选择"约束" 工具，单击需要约束的中心线，选择"固定" 约束），标注尺寸后删除或隐藏中心线，勾选退出，如图 5-92 所示。

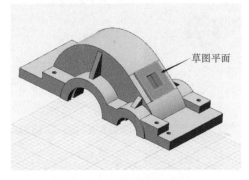

图 5-91　选择草图平面

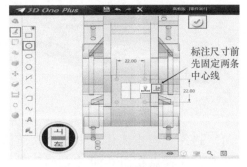

图 5-92　绘制草图 2

6）选择"特征造型"中的"拉伸" 工具，"轮廓 P"选择"草图 2"，"拉伸类型"选择"1 边"，长度输入"−15"，选择"减运算"，勾选确认，如图 5-93 所示。

7）选择"基本实体"中的"圆柱体" 工具，放置点在圆孔中心，按图 5-94 进行参数设置，半径输入"4"，高度输入"−3"，选择"减运算"勾选确认，同理绘制其他 3 个沉孔，如图 5-94 所示。

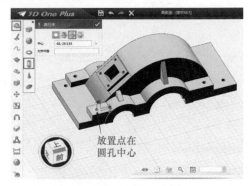

图 5-94　绘制圆柱体

8）选择"特征造型"中的"圆角" 工具，选择需要倒圆角的边线，圆角半径输入"15"，总共 4 个，完成后勾选确认，如图 5-95 所示。

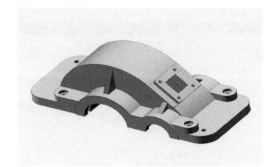

图 5-95　圆角 R15mm

9）同理，绘制如图 5-96 所示的 6 个圆角 R8mm。

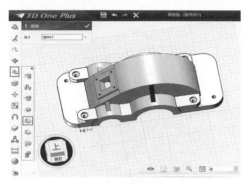

图 5-96　圆角 *R*8mm

10）同理，绘制如图 5-97 所示的 4 个圆角 *R*2mm。

图 5-97　圆角 *R*2mm

11）选择"颜色" 🔵 工具，对零件进行着色、渲染，勾选确认，如图 5-98 所示。

12）保存模型，"文件名"输入"箱盖"，选择保存位置。

图 5-98　着色、渲染

【任务评价】

根据本任务学习内容及任务要求，结合课堂学习情况进行测评，具体评价内容见任务测评表（表 5-2）。

表 5-2　任务测评表

序号	检测项目	项目要求	配分	得分		
				学生自评	小组互评	教师评价
1	零件完整性	完全建模完成	50			
2	操作规范性	按照操作规范操作	30			
3	协作精神	团队配合	10			
4	工作态度	态度端正	10			
小计						
总分						
完成任务结论性评价			□优秀　□良好　□一般　□及格　□不及格			

注："总分"成绩计算按照"小计"中"学生自评"的 20%，"小组互评"的 30%，"教师评价"的 50% 进行综合计算，其中，90≤总分≤100 为"优秀"，80≤总分<90 为"良好"，70≤总分<80 为"一般"，60≤总分<70 为"及格"，总分<60 为"不及格"。

任务 3　减速器的装配

【学习目标】

1. 掌握插入、对齐命令的使用方法，完成减速器三维装配。

2. 熟悉常用的零件装配对齐方法。

3. 了解减速器各零件间装配关系。

【任务描述】

图 5-99 所示为减速器零件装配关系示意图，三维装配基本流程为零件"插入"→特征"对齐"，特征对齐的方式有重合、相切、同心、平行、垂直、角度、齿轮啮合及距离等，进行零件装配时应根据零件间相互配合关系灵活选择对齐方式。

图 5-99　减速器零件装配关系示意图

【任务实施】

1）在桌面上双击打开 3D One Plus 软件，单击"3D One Plus"图标中的"打开"菜单，打开"箱体"文件，如图 5-100 所示。

图 5-100　打开文件

2）选择"输出"中的"输出到装配" 工具，进入装配环境，如图 5-101 所示。

3）选择"固定" 工具，对箱体进行固定约束，如图 5-102 所示。

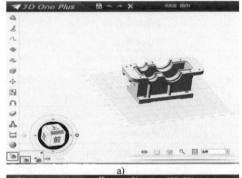

a)

装配环境下的命令

b)

图 5-101　装配环境

图 5-102　固定约束

4）选择"插入组件" 工具，弹出"打开"对话框，如图 5-103 所示，选择需要装配的"主动齿轮轴"，在对话框右侧可以预览零件，单击"打开"，在空白处单击放置零件，弹出"对齐"对话框，如图 5-104 所示。

图 5-103　选择主动齿轮轴

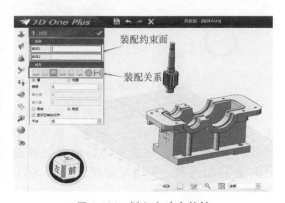

图 5-104　插入主动齿轮轴

5）选择需要"对齐"的面，系统会自动选择对齐方式，可以通过"同向""相反"控制零件方向，如对调 180°等，如图 5-105 所示。

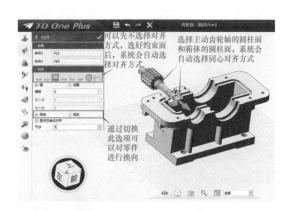

图 5-105　约束组件

6）完成同心约束后，还需选择端面约束，继续选择需要"对齐"的面，系统会自动选择对齐方式，完成主动齿轮轴的装配约束，关闭对话框，如图 5-106 所示。

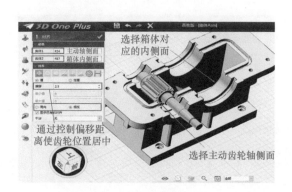

图 5-106　约束组件

7）选择"插入组件" 工具，弹出"打开"对话框，如图 5-107 所示，选择需要装配的"轴承"，在对话框右侧可以预览零件，单击"打开"，在空白处单击放置零件。

8）选择需要"对齐"的面，系统会自动选择对齐方式，如图 5-108a 所示。

9）完成同心约束后，还需选择端面约束，继续选择需要"对齐"的面，系统会自动选择对齐方式，完成轴承的装配约束，关闭对话框，如图 5-108b 所示。

3D建模与打印实战项目教程

图 5-107　选择轴承

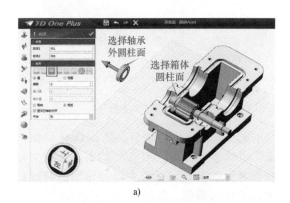

a)

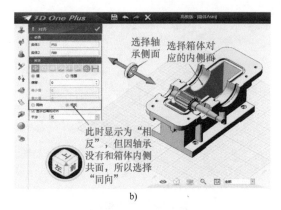

选择轴承外圆柱面
选择箱体圆柱面

b)

图 5-108　约束组件

10）选择"插入组件" 工具，选择"轴承"文件进行对侧轴承的装配，方法同上，如图 5-109 所示。

11）选择"插入组件" 工具，弹出"打开"对话框，如图 5-110 所示，选择需要装配的"主动轴端盖（不通孔）"，在对话框右侧口可以预览零件，选择"主动轴端盖（不通孔）打开，在空白处单击放置零件。

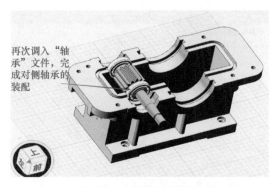

再次调入"轴承"文件，完成对侧轴承的装配

图 5-109　装配对侧轴承

图 5-110　选择主动轴端盖（不通孔）

12）选择需要"对齐"的面，系统会自动选择对齐方式，如图 5-111 所示。

选择主动轴端盖（不通孔）外圆柱面
选择箱体圆柱面

图 5-111　约束组件

13）完成同心约束后，还需选择端面约束，继续选择需要"对齐"的面，系统会自动选择对齐方式，完成主动轴端盖（不通孔）的装配约束，关闭对话框，如图 5-112 所示。

14）选择"插入组件" 工具，选择

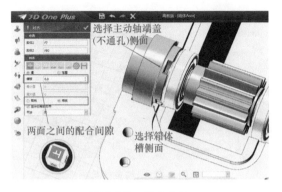

图 5-112　约束组件

需要装配的"主动轴端盖（通孔）"，如图 5-113 所示，用相同的方法进行装配，如图 5-114 所示。

图 5-113　选择主动轴端盖（通孔）

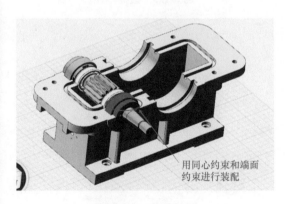

图 5-114　约束组件

15）选择"插入组件" 🛠 工具，弹出"打开"对话框，如图 5-115 所示，选择需要装配的"从动轴"，在对话框右侧可以预

览零件，单击"打开"，在空白处单击放置零件。

图 5-115　选择从动轴

16）选择需要"对齐"的面，系统会自动选择对齐方式，如图 5-116 所示。

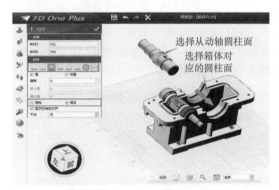

图 5-116　约束组件

17）完成同心约束后，还需选择端面约束，继续选择需要"对齐"的面，系统会自动选择对齐方式，完成从动轴的装配约束，关闭对话框，如图 5-117 所示。

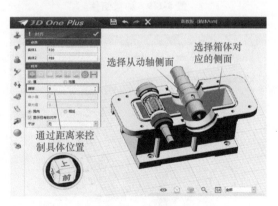

图 5-117　约束组件

18）选择"插入组件" 工具，弹出"打开"对话框，如图 5-118 所示，选择需要装配的"圆柱齿轮"，在对话框右侧可以预览零件，单击"打开"，在空白处单击放置零件。

图 5-118　选择圆柱齿轮

19）选择需要"对齐"的面，方法同上，这里不再叙述，具体操作过程如图 5-119 ~ 图 5-121 所示。

图 5-119　约束组件

图 5-120　约束组件

图 5-121　约束组件

20）当两个齿轮装配完成后，若拖拽其中一个齿轮时不能带动另一个齿轮转动，则说明装配时两齿轮没有成功啮合。因此，可以选择其中一个齿轮，长按鼠标左键，拖拽使其旋转，目测两齿轮位置使其大致啮合，如图 5-122、图 5-123 所示，用啮合约束使两齿轮对齐，如图 5-124 所示。

图 5-122　选择组件

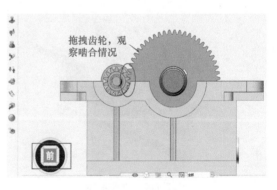

图 5-123　拖拽组件

21）选择"插入组件" 工具，弹出"打开"对话框，如图 5-125 所示，选择需要装配的"深沟球轴承"，在对话框右侧可以

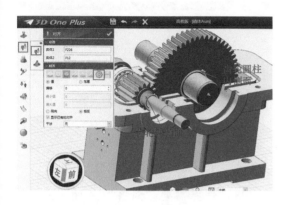

图 5-124　约束组件

预览零件，单击"打开"，在空白处单击放置零件。

图 5-125　选择深沟球轴承

22）选择需要"对齐"的面，进行约束，如图 5-126、图 5-127 所示。

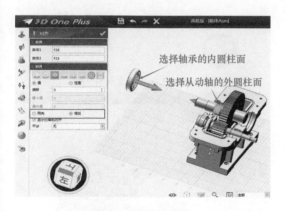

图 5-126　约束组件

23）选择需要"对齐"的面，进行对侧轴承的装配，方法同上，如图 5-128 所示。

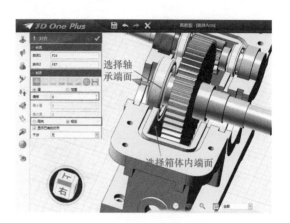

图 5-127　约束组件

图 5-128　装配对侧轴承

24）选择"插入组件"🔧工具，弹出"打开"对话框，如图 5-129 所示，选择需要装配的"从动轴端盖（不通孔）"，在对话框右侧口可以预览零件，单击"打开"，在空白处单击放置零件。

图 5-129　选择从动轴端盖（不通孔）

25）选择需要"对齐"的面，进行约束，如图 5-130、图 5-131 所示。

图 5-130 约束组件

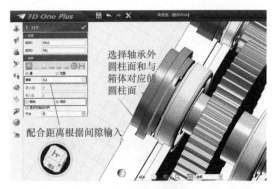

图 5-131 约束组件

26）选择需要"对齐"的面，进行对侧端盖的装配，方法同上，如图 5-132 所示。

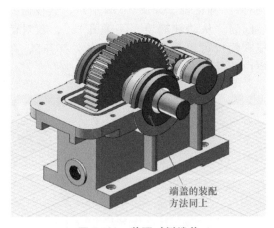

图 5-132 装配对侧端盖

27）选择"插入组件" 工具，弹出"打开"对话框，如图 5-133 所示，选择需要装配的"箱盖"，在对话框右侧可以预览零件，单击"打开"，在空白处单击放置零件。

图 5-133 选择箱盖

28）选择需要"对齐"的面，进行约束，如图 5-134～图 5-136 所示。

图 5-134 约束组件

图 5-135 约束组件

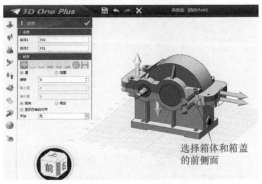

图 5-136 约束组件

29）选择"插入组件" 🧑 工具，弹出"打开"对话框，如图 5-137 所示，选择需要装配的"螺塞"，在对话框右侧可以预览零件，单击"打开"，在空白处单击放置零件。

图 5-137　选择螺塞

30）选择需要"对齐"的面，进行约束，如图 5-138、图 5-139 所示。

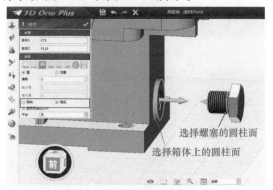

选择螺塞的圆柱面
选择箱体上的圆柱面

图 5-138　约束组件

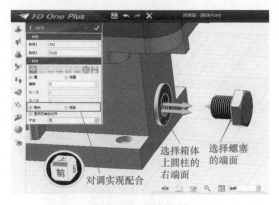

选择箱体上圆柱的右端面
对调实现配合
选择螺塞的端面

图 5-139　约束组件

31）选择"插入组件" 🧑 工具，弹出"打开"对话框，如图 5-140 所示，选择需

要装配的"窥油孔端盖"，在对话框右侧可以预览零件，单击"打开"，在空白处单击放置零件。

图 5-140　选择窥油孔端盖

32）选择需要"对齐"的面，进行约束，如图 5-141～图 5-143 所示。

选择窥油孔端盖的右端面
选择箱体的左端面

图 5-141　约束组件

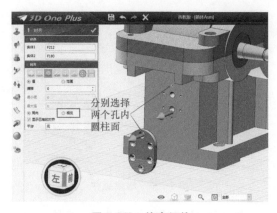

分别选择两个孔内圆柱面

图 5-142　约束组件

33）选择"插入组件" 🧑 工具，弹出"打开"对话框，如图 5-144 所示，选择需要装配的"窥视孔盖"，在对话框右侧可以预

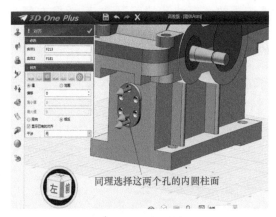

图 5-143　约束组件

览零件，单击"打开"，在空白处单击放置零件。

图 5-144　选择窥视孔盖

34）选择需要"对齐"的面，进行约束，如图 5-145～图 5-147 所示。

图 5-145　约束组件

35）选择"插入组件" 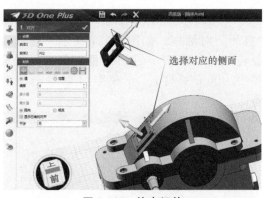工具，弹出"打开"对话框，如图 5-148 所示，选择需要装配的"螺栓"，在对话框右侧可以预览零件，单击"打开"，在空白处单击放置零件。

图 5-146　约束组件

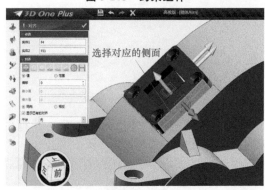

图 5-147　约束组件

图 5-148　选择螺栓

36）选择需要"对齐"的面，进行约束，如图 5-149、图 5-150 所示。

图 5-149　约束组件

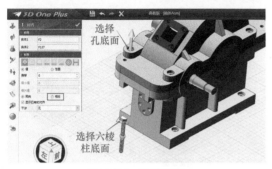

图 5-150　约束组件

37）选择"插入组件" 🔧 工具，弹出
"打开"对话框，如图 5-151 所示，选择需要装
配的"螺母"，在对话框右侧可以预览零件，
单击"打开"，在空白处单击放置零件。

图 5-151　选择螺母

38）选择需要"对齐"的面，进行约
束，如图 5-152~图 5-154 所示（其余 3 组螺
栓组均按此方法进行装配）。

图 5-152　约束组件

39）选择"插入组件" 🔧 工具，弹出
"打开"对话框，如图 5-155 所示，选择需
要装配的"十字槽圆头螺钉"，在对话框右
侧可以预览零件，单击"打开"，在空白处
单击放置零件。

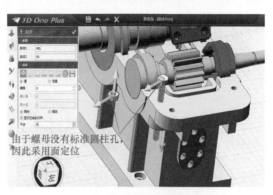

图 5-153　约束组件

图 5-154　约束组件

图 5-155　选择十字槽圆头螺钉

40）选择需要"对齐"的面，进行约
束，如图 5-156、图 5-157 所示。

图 5-156　约束组件

图 5-157　约束组件

图 5-158　装配其他螺钉

41）同理，完成其他螺钉的装配，如图 5-158 所示。

42）保存模型，输入"文件名"——"减速箱装配"。

【任务评价】

根据本任务学习内容及任务要求，结合课堂学习情况进行测评，具体评价内容见任务测评表（表 5-3）。

表 5-3　任务测评表

序号	检测项目	项目要求	配分	得分		
				学生自评	小组互评	教师评价
1	零件完整性	完全建模完成	50			
2	操作规范性	按照操作规范操作	30			
3	协作精神	团队配合	10			
4	工作态度	态度端正	10			
小计						
总分						
完成任务结论性评价		□优秀　□良好　□一般　□及格　□不及格				

注："总分"成绩计算按照"小计"中"学生自评"的 20%，"小组互评"的 30%，"教师评价"的 50% 进行综合计算，其中，90≤总分≤100 为"优秀"，80≤总分<90 为"良好"，70≤总分<80 为"一般"，60≤总分<70 为"及格"，总分<60 为"不及格"。

项目6 桌面式FDM工艺3D打印机操作教程

任务1 了解 X1-Carbon Combo 打印机的基本操作

【任务目标】

1. 了解 FDM 工艺 3D 打印机的基本结构，并熟悉打印机各部件。

2. 掌握打印前准备工作，如底板安装、丝盘安装以及打印喷嘴高度调试等。

3. 掌握 3D 打印机切片软件的使用方法。

【任务描述】

以深圳拓竹科技有限公司开发的 FDM 工艺 3D 打印机 X1-Carbon Combo 为例，学习 3D 打印机的相关操作。

【任务实施】

一、了解 3D 打印机的主要结构

FDM 工艺 3D 打印机 X1-Carbon Combo 的外观如图 6-1 所示，打印机结构如图 6-2 所示，打印机配件展示如图 6-3 所示。

图 6-1　X1-Carbon Combo 的外观

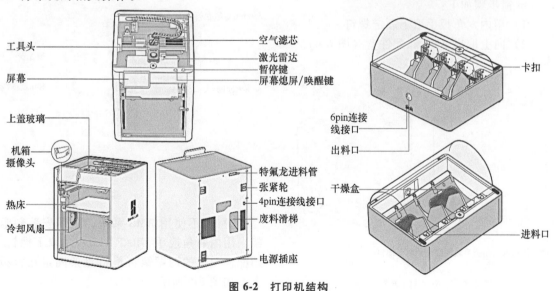

图 6-2　打印机结构

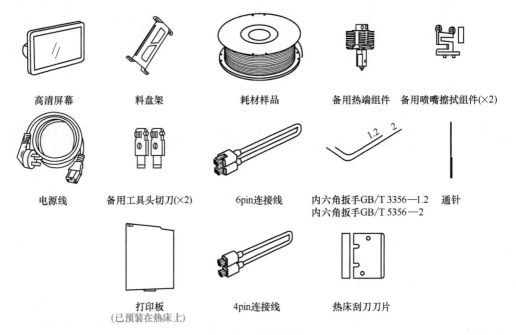

| 高清屏幕 | 料盘架 | 耗材样品 | 备用热端组件 | 备用喷嘴擦拭组件(×2) |

| 电源线 | 备用工具头切刀(×2) | 6pin连接线 | 内六角扳手GB/T 3356—1.2
内六角扳手GB/T 5356—2 | 通针 |

打印板
(已预装在热床上)　　4pin连接线　　热床刮刀刀片

图 6-3　打印机配件

二、打印前准备工作

开始正式打印前的准备工作包括打印机控制软件的安装（这里不作介绍），打印板、AMS 和打印丝盘的安装以及打印喷嘴高度调试等，本书只对打印机正式打印前的部分关键步骤作简要介绍，打印机其他具体操作流程可参阅购买打印机时附赠的操作说明书，也可在打印机企业官方网站上查询浏览并下载。

1. AMS 和工具头解锁

解锁步骤如下：

1）用内六角扳手取下固定螺钉。

2）向上取出 AMS 和配件盒（图 6-4）。

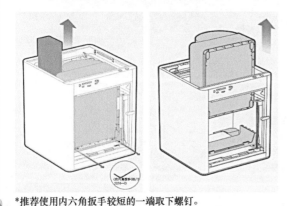

*推荐使用内六角扳手较短的一端取下螺钉。
　　　a)　　　　　　　　　　　　b)

图 6-4　取出 AMS 和配件盒

3）将硬纸板从工具头处移除，同时将废料滑梯处的泡沫取出。

2. AMS 及料盘架安装

安装步骤如下：

1）进行 AMS 与机器的接线工作（图 6-5）。

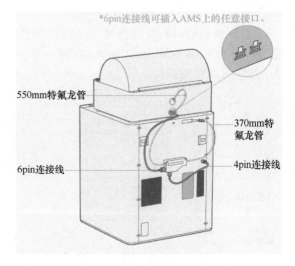

*6pin连接线可插入AMS上的任意接口。

550mm特氟龙管

370mm特氟龙管

6pin连接线

4pin连接线

图 6-5　接线

2）若不使用 AMS 系统，则需安装料盘架。用内六角扳手 GB/T 5356—2 取下螺钉，用配件包里的两颗螺钉将料盘架固定在背板上，如图 6-6 所示。

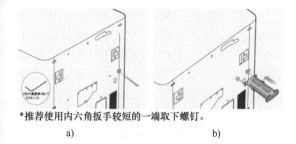

*推荐使用内六角扳手较短的一端取下螺钉。

a)   b)

图 6-6 安装料盘架

3. 热床解锁及屏幕安装

解锁及屏幕安装步骤如下：

1）用内六角扳手取下图 6-7a 中的 3 颗螺钉，解锁热床。

2）将排线向外拉出大约 50mm。

3）用大拇指按住排线两侧的端子，将排线插入屏幕连接口。

4）将屏幕插回打印机的槽内，并向左推动屏幕将其锁紧。

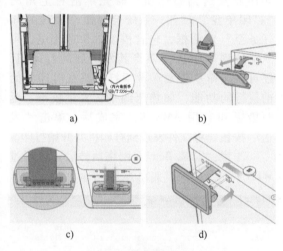

a)   b)

c)   d)

图 6-7 安装屏幕

4. 绑定打印机及首次试打印

X1-Carbon Combo 打印机在正式打印前，应完成打印机的绑定及耗材的安装，同时可利用附赠的 Bambu PLA（耗材）进行首次试打印。

步骤如下：

1）绑定打印机。

2）首次试打印，如图 6-8 所示。在打印板上涂一层固体胶。在 AMS 中放入至少一卷线材。开机后，将线材一端插入进料口，AMS 在检测到线材后将自动预上料（推荐使

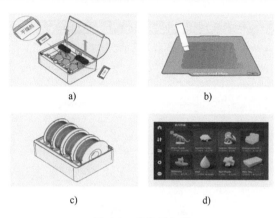

a)   b)

c)   d)

图 6-8 首次试打印

用附赠的 Bambu PLA 进行首次单色打印）。单击 " ▢ "→"机内存储"，选择一个模型进行打印（推荐选择内置文件进行首次打印）。

三、打印机切片软件介绍

每个人想要从身边的 3D 打印机中快速获得最佳打印效果，除了设计优化、3D 打印机和打印材料之外，还有一个更重要的环节就是切片软件，它对打印结果起着重要作用，可以把切片软件理解为实现从数字模型到实体模型转化和驱动的工具。

Bambu Studio 是 Bambu Lab 公司开发的切片软件，它功能丰富且易于使用，包含了基于项目的流程、系统性优化的切片算法和易于操作的图形界面，如图 6-9 所示。

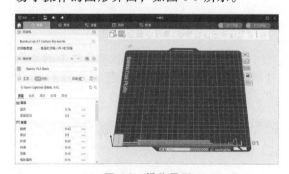

图 6-9 操作界面

1. 导入打印模型及介绍控制命令

在预览窗格的顶部菜单栏上，单击上面带有 "+" 号的立方体图标以导入模型。支持打开的文件格式包括 .3mf、.stl、.stp、.step、.amf 和 .obj 等，如图 6-10 所示。

（1）选择打印机/耗材丝/工艺预设 从"打印机"下的下拉列表中选择正在使用的

图6-10　打开文件

打印机型号以及将使用的喷嘴尺寸，在"耗材丝"下的下拉列表中选择要使用的材料类型。从"工艺"下的下拉菜单中选择模型需要打印的层高。注意，层高越小，打印时间越长。对于大多数用 0.4mm 喷嘴打印的模型来说，标准层高是 0.2mm，如图6-11 所示。

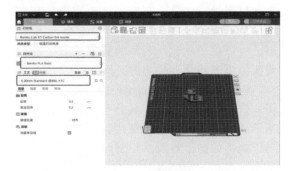

图6-11　选择参数

（2）缩放模型　可利用工具栏中的不同功能，对模型进行修改以获得所需打印效果，如图6-12 所示。

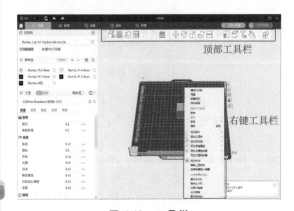

图6-12　工具栏

（3）切片　如图6-13 所示单击位于 Bambu Studio 右上角的"切片"按钮后会生成一个".3mf"文件，这是打印机打印模型使用的文件格式。完成后，切片器将显示预览窗格，该窗格中展示了处理".3mf"文件后切片模型的外观。右侧的直方图显示了每个打印参数的打印时间信息。

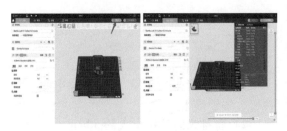

图6-13　切片

2. 实施打印

（1）发送打印作业　通过 WLAN 将打印作业发送到打印机，需先单击右上角的"打印单盘"按钮，系统会弹出"发送打印任务至"对话框，包含模型的快速预览，可从下拉列表中选择要将其发送到的打印机，还可以选择是否发送希望打印机在打印开始前执行的功能，如热床调平、流量校准、延时摄影和启用 AMS 等。完成后，单击"发送"按钮，将文件发送到打印机并开始打印。

注意：安装 Bambu 网络插件后才能通过 WLAN 发送文件，如图6-14 所示。

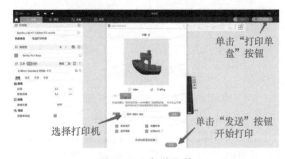

图6-14　发送文件

（2）导出并离线打印　要使用 SD 卡文件传输选项，需先单击右上角"打印"按钮旁边的向下箭头，然后选择"导出单盘切片文件"按钮。完成后，"打印单盘"图标将变为"导出切片文件"；单击该按钮后系统将弹出"切片文件"另存为"对话框"，以便选择 SD 卡的位置。单击"保存"按钮，文件将导出到 SD 卡，离线打印如图 6-15 所示。

图 6-15　离线打印

保存后，取出 SD 卡并将其插入位于打印机屏幕右侧的小插槽中。按屏幕左侧菜单栏中的"文件夹" 📁 图标，然后从顶部菜单栏中选择"SD 卡"选项。

任务2　了解切片软件的参数设置及支撑结构设置

【任务目标】

1. 了解打印模型摆放位置对零件的影响。

2. 了解各打印参数对成品受力的影响。

3. 了解各个打印参数对零件的影响。

【任务描述】

零件打印时有三个主要因素：强度、表面精度和打印时间。整体而言表面精度越高、强度越大则打印时间越长，因此合理地设置打印参数对打印成品非常重要。

【任务实施】

一、切片软件的参数设置

Bambu Studio 支持自定义用户预设，这个功能适用于有特殊要求的情况。例如，可以创建一个工艺预设，通过增加填充密度、墙数和顶部/底部壳数来增加模型的整体强度；或者可以为第三方材料创建耗材丝预设。

工艺中包含特定打印任务的所有设置，可以在这里对质量、强度、速度和支撑等参数进行调节，参数设置如图 6-16 所示。

图 6-16　参数设置

二、工艺参数设置

对于工艺类别中的参数，Bambu Studio 支持在多个参考或级别字段中设置值：

（1）全局　在全局级别设置的参数对项目中的每个对象都生效。

（2）对象　在对象级别中设置的参数对当前选定的对象生效。

（3）零件　在零件级别设置的参数对当前选定的零件生效。

（4）修改器　修改器是对象的特殊部分，它不是实体模型，可以用修改器更改与它重叠的对象区域的参数。

通常，如果同一参数在多个级别设置了不同的值，则默认使用最小级别的值，参数关系如图 6-17 所示。

图 6-17　参数关系

1. 全局级别参数

全局级别参数将应用于项目中的所有对象。例如，在图 6-18 所示的全局级别参数中,"稀疏填充密度"设为"5%",因此所有对象都将具有5%的填充密度。

因此,为了适合大多数对象,建议设置全局级别参数。

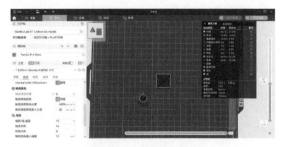

图6-18 全局级别参数

2. 对象级别参数

对于需要设置特殊参数的对象,应在引用的对象字段中进行设置。

首先,将过程设置模式从"全局"更改为"对象",然后将立方体的"稀疏填充密度"设为"20%"。切片后,立方体的"稀疏填充密度"变为"20%",其他模型保持在"5%"(全局参数)。在对象级别设置的参数会覆盖全局级别参数,如图6-19所示。

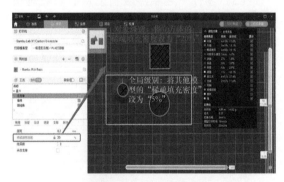

图6-19 对象级别参数

3. 零件级别参数

一个组合模型的对象,可以拆分为零件。如果需要为对象的不同零件设置不同的参数值,则可以在对象列表中选择一个零件并更改其参数值。将文件名为"Mickey_planter. stl"的模型文件"拆分为零件"后,生成了4个零件。

如果将对象的耗材丝设置为#1(黑色),并将名为"Mickey_planter. stl_1"的零件设

置为#2(红色),则"Mickey_planter. stl_1"零件将使用耗材丝#2打印。在零件级别设置的参数会覆盖在对象级别或全局级别设置的参数,如图6-20所示。

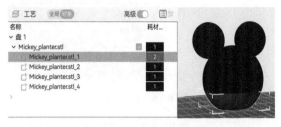

图6-20 零件级别参数

4. 修改器

修改器是对象的特殊部分,而不是要打印的对象。顾名思义,修改器旨在修改与对象重叠的设置。通过修改器设置的参数会覆盖在零件级别、对象级别或全局级别设置的参数。要创建修改器,需右键单击对象,在弹出的工具栏中选择"添加修改器",然后选择所需的修改器形状。一般,可以通过这个修改器功能修改重叠部分区域的耗材丝颜色或者填充密度等。图6-21所示为将修改对象与修改器重叠部分区域的耗材丝颜色设置成#3(白色)的全过程。

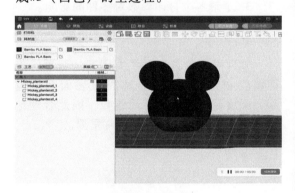

图6-21 修改器

三、支撑结构设置

支撑结构在3D打印中非常重要,因为难免会遇到悬垂较大的模型。Bambu Studio配备了丰富的支撑功能,支撑结构设置如图6-22所示。

四、支撑类型

有两种基本类型的支撑,即普通支撑和树状支撑。两种类型之间的主要区别是:

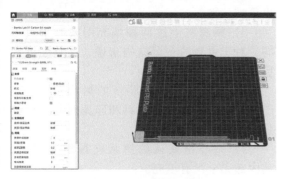

图 6-22 支撑结构设置

普通支撑直接将悬空面投射到热床上，并生成支撑体；树状支撑对悬空部分进行采样，以获取节点，每个节点表示为一个圆圈。然后将节点向下传播到热床上。在传播过程中，圆圈可能会被放大以获得更好的强度，并且可能会从对象上移开，以避免支撑与对象本体碰撞。

在支撑设置页面里，有5种支撑类型可以选择，这些类型是这两种类型的变体或组合：

1）普通（自动）支撑：自动检测悬空部分的普通支撑。

2）树状（自动）支撑：自动检测悬空部分的树状支撑。

3）混合（自动）支撑：普通（自动）支撑和树状（自动）支撑的组合，即在悬空区域较大时使用普通（自动）支撑，否则使用树状（自动）支撑。

在软件的 1.4.1 版本之后，混合（自动）支撑从类型移动到了样式。要启用混合支撑，可以选择类型=树状（自动）支撑和样式=混合树。作此更改是因为添加了一个新样式（苗条树），未来可能还会添加更多样式。使用支撑类型来实现这一点并不合适，否则将有太多支撑类型。但实际上，苗条树、粗壮树和混合树只在一些参数上有所不同，从本质上来说它们都是树形支撑。

4）普通（手动）支撑：仅在支撑强制生成面上生成普通支撑。

5）树状（手动）支撑：仅在支撑强制生成面上生成树形支撑。

五、支撑样式

普通支撑和树状支撑都有不同的样式，

以进一步调整最终的支撑结构。普通支撑有以下两种样式。

1）网格：支撑区域被扩展并标准化为矩形。这是正常支持的默认样式。

2）紧贴：支撑区域没有扩展，但与悬垂区域紧密对齐。当扩展的支撑面对模型会产生副作用时，这种样式就很适用。

树状支撑有以下4种样式。

1）苗条树：具有激进的分支合并策略。在不降低强度的情况下支撑体积变得更小（通过自动增加壁数和使用更平滑的分支）。

2）粗壮树：这种旧的样式的分支很强状，但有时很难去除。

3）混合树：这是粗壮树和普通网格支撑的混合体，当前的默认样式（缺省）。在大的平坦悬垂区域下方，会生成普通网格支撑，否则生成粗壮树支撑。

4）有机树：这是树形支撑的一种变体，移植于 Prusa slicer，可以节省材料且方便拆卸。

六、阈值角度

阈值角度是需要用到支撑的最大坡度角。如果一个表面相对于水平线的坡度角小于这个阈值角度，且支撑类型为自动时，将自动生成支撑。坡度角越大，生成的支撑越多。默认的支撑阈值角度为30°，如图6-23所示。

支撑阈值角度

图 6-23 支撑阈值角度

七、筏层

筏层是支撑的一种，用于在模型底部生成支撑，将模型整体抬升起来，通常在打印像 ABS 这类容易翘曲的材料时可以开启筏层。

筏层 Z 间距指筏层顶部和模型的距离。首层密度指筏层和支撑首层的密度。首层扩展可以扩展筏层和支撑的首层面积，增强和热床的黏接。

八、支撑耗材

支撑由支撑主体和支撑面两部分组成。支撑面与模型接触，其余部分是支撑主体。这两部分可以使用不同类型的耗材。缺省表示不指定耗材,将使用当前层打印的耗材丝,以最大限度缩短更换耗材的时间。通常选用特定的支撑材料(例如 support W 和 support G)作为支撑面材料。

支撑顶部到模型的 Z 轴距离、支撑与物体之间的 XY 距离等支撑关系如图 6-24 所示。当支撑面耗材是支撑材料时(例如 support W),可以设置为 0(否则将难以拆除)。

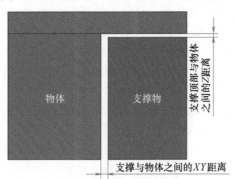

图 6-24 支撑关系

九、支撑主体和支撑面设置

1. 支撑主体图案

这是支撑主体的填充图案。目前有 5 种模式的支撑主体图案,如图 6-25 所示。

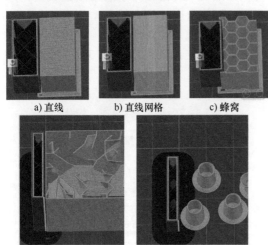

a) 直线　　b) 直线网格　　c) 蜂窝

d) 闪电　　　　　e) 空心

图 6-25 支撑主体图案

1)直线是最常用的支撑,也是普通支撑的默认主体图案,通常有两个方向(从左到右,从前到后)。

2)直线网格类似于直线,主要为 X 形网格,所以它的强度要比直线支撑高很多,

也更难移除。

3)蜂窝与上述两种填充图案有很大不同,对于更高的支撑结构来说,这是强度和稳定性的良好平衡。

4)闪电是一种极稀疏的树状支撑填充图案,虽然可以节省材料和印刷时间,但其强度较低。

5)空心是默认的树状支撑填充图案,其内部完全没有填充。

2. 主体图案间距

对于直线和直线网格图案,这是基本图线之间的间距。

对于蜂窝图案,这是每个蜂窝单元的半径。因此,当此值设置为 0 时,蜂窝图案会自动切换为直线。

3. 模式角度

设置支撑图案在水平面的旋转角度。

4. 顶部接触面层数

如果增加顶部接触面层数,则悬垂表面质量可以得到改善,但会增加支撑面材料的消耗。

5. 支撑面图案

1)直线:适用于大多数情况。

2)同心圆:在不平的表面上更加坚固,并且在使用支撑材料时更加适用。当使用同心圆支撑面图案和支撑材料时,为了获得最佳的支撑面,可以将支撑面线距值设置得很小(例如 0)。

3)默认:一种自动模式。默认模式是直线和同心圆。支撑材料可能可溶或不可溶。

6. 不支撑桥接

对于普通支撑,此选项可选择是否移除桥接。对于树状支撑,可将此选项替换为"最大桥接长度"。

7. 厚桥

如果启用厚桥,桥接将以更高的流量被挤出,桥接更为可靠,并且可以跨越更长的距离。然而,如果发生溢料,悬垂表面质量可能会变差。

十、树状支撑选项

树状支撑选项如图 6-26 所示。

1)树状支撑分支距离是指相邻树形支撑节点之间的距离。若此值较小则说明悬垂

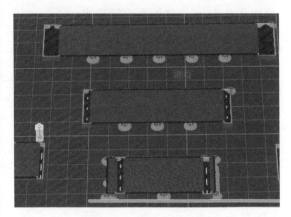

图 6-26 树状支撑选项

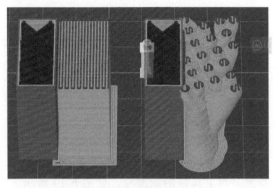

图 6-27 支撑对比（一）

表面的采样密度更高，因此表面质量更好，但移除难度更大。

2）树状支撑分支直径是指树状支撑节点的初始直径。若此值较大则说明树状支撑更强，但也更难移除。

3）树形支撑分支角度是指树状分支伸展的角度。较大的值意味着可以更水平地打印树状支撑分支，具有更高的避开物体的能力并延伸到更远的地方。

4）带填充的树形支撑。启用此选项后，将在树状支撑底部生成填充。这会使树状支撑非常坚固，因此默认将其禁用。但如果使用的是一些脆弱的材料，例如丝绸 PLA，则建议启用此选项。

5）最大桥接长度是指悬垂架桥的允许最大跨度。悬空填充部分视为桥接。短桥接可以在无支撑的前提下完成打印，因为挤出线的两端得到了良好的支撑。最大桥接长度可能因材料而异。当桥接大于最大桥接长度时，它将被分成相等的几段，并且只有接触点会得到支撑。

十一、支撑类型的适用情况

1. 普通支撑

对于又大又平的悬垂部分，普通支撑通常能提供比树状支撑更好的表面质量，两种支撑的对比如图 6-27 所示。这就是提出混合支撑的原因，一般选择混合（自动）是安全的，因为对于这些情况，混合（自动）会切换为普通支撑。

2. 树状支撑

对于结构复杂且大多数悬垂较小、表面

不平的模型，树状支撑可以提供更强的支撑结构，节约耗材和时间，同时达到相似的表面质量，支撑对比如图 6-28 所示。

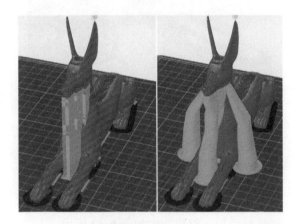

图 6-28 支撑对比（二）

任务3 FDM 工艺 3D 打印机的维护保养

【任务目标】

1. 了解打印机维护知识。
2. 掌握打印机维护技巧。

【任务描述】

在日常的 3D 打印工作中，大多数操作者只考虑如何使用 3D 打印机，往往会忽略 3D 打印机的日常保养与维护。其实，3D 打印的日常维护是很有必要的，如果想让打印机时刻保持最佳状态，那么必须作好打印机的保养工作。

【任务实施】

接下来将从以下几方面介绍如何维护3D打印机以及有哪些注意事项。

（1）保养传动轴　由于环境问题，机器在有灰尘的地方裸露放置，空气中的尘土和 *XYZ* 轴的润滑油混在一起，形成黑色的泥状物质。对于这种情况，需要用新的无尘布仔细擦拭机器的 *XYZ* 轴，直至清理干净所有的油泥，再更换新的润滑油，如图6-29所示。

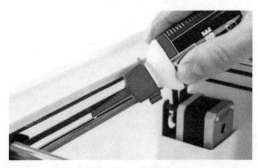

图6-29　更换润滑油

（2）整机除尘　灰尘过多不仅会和机器的 XYZ 轴混合产生油泥，还会使机器内部产生电路问题，所以需要及时清理机器内部的灰尘。用户进行清理时不必拆卸电路板，只需要清理机器外表即可，可以用无尘布和毛刷进行清扫，整机除尘如图6-30所示。

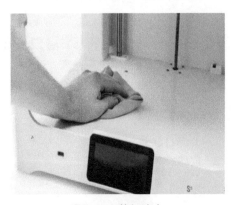

图6-30　整机除尘

（3）喷头保养　打印时间过长，喷头内部加热时间过长，或者更换不同性质的材料都可能导致喷头内部残余耗材出现变质，这时就需要对喷头内部进行清理。从喷嘴口径进行清理非常困难，有些结晶体不易融化，

无法从0.4mm这样的小直径流出。

那么该如何进行清理呢？首先，将喷头加热至230℃左右，然后找一段PLA材料，手动将材料从上至下插入，看到下边的喷头口有耗材挤出后，快速将PLA材料从上面抽出，然后剪掉被融化的材料，重复5~10次基本就完成喷头内部的清理了。

任务4　打印后处理操作

【任务目标】

1. 了解打印模型后处理知识。
2. 掌握打印模型后处理技巧。

【任务描述】

FDM工艺3D打印机打印的产品表面通常存在细微瑕疵，模型单调且颜色千篇一律。相对于优化提升3D打印质量，后期处理更为实惠、高效、靠谱。

【任务实施】

接下来简单介绍3D打印后期处理的流程与工艺：

（1）取出模型　在取出模型之前要先撤下打印平台，否则可能会使整个平台弯曲，导致喷头和打印平台的角度改变。操作时应佩戴安全手套，注意铲刀使用要领，把铲刀慢慢地滑动到模型下面，来回撬松模型，如图6-31所示。

图6-31　佩戴安全手套铲取模型

（2）去除支撑材料　可以使用多种工具去除支撑材料。部分支撑材料可以很容易地用手拆除，接近模型的支撑可以使用钢丝钳或者尖嘴钳去除，如图6-32所示。

需要注意的是，支撑材料和工具都很锋利，从打印机上移除模型时，请佩戴安全手

图 6-32　使用工具去除打印支撑

套和防护眼罩，尤其是在移除 PLA 材料的支撑时。

（3）打磨　一般用 FDM 技术打印出来的 3D 模型往往存在一圈圈的纹路，而且零件上逐层堆积的纹路是肉眼可见的，对于必须使用支撑的情况，就需要使用砂纸对其进行打磨，打磨可以帮助消除 3D 打印模型表面的层线纹路，如图 6-33 所示。

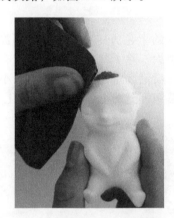

图 6-33　打磨 3D 打印模型表面

锉刀和砂纸是最常用的打磨工具，为防止材料过热起毛一定要蘸水后再进行打磨。一般通过这两个工具即可完成打磨，去除大的支撑残留凸起时可使用锉刀，去除小的颗粒和纹路时，可使用砂纸按目数由低到高的顺序进行打磨。

打磨时可以选用普通的砂纸，也可以选用有砂带磨光机这样的专业设备。砂纸打磨是一种成本低且行之有效的方法，一直是 3D 打印零部件后期抛光时最常用、使用范围最广的技术。砂纸打磨原则是先粗后细，即先进行粗打磨再进行细打磨。

（4）化学抛光　ABS 模型可以使用丙酮抛光，这一方法的灵感来自于指甲油，丙酮可以溶解 ABS 材料，在通风处煮沸丙酮来熏蒸打印模型，或者将模型和丙酮置于封闭的

环境中（如玻璃罩中），丙酮蒸汽会慢慢腐蚀模型表面，使其光滑，如图 6-34 所示。

图 6-34　化学抛光

PLA 材料不能使用丙酮抛光，而是需要使用 PLA 专用的抛光液，和模型抛光机（图 6-35）搭配使用的话，只需短短几分钟时间就能使 3D 模型表面更光滑，模型抛光效果对比如图 6-36 所示）。

图 6-35　模型抛光机

图 6-36　模型抛光效果对比

（5）粘合　3D 打印离不开胶水，常用的胶水有 502 胶和 AB 胶等。比如对于在 3D 打印后处理时出现损坏的模型，重新打印的成本较高，如果损坏得不严重，则可以用胶水粘好；再比如需要拆件的模型，3D 打印的尺寸有限，超过尺寸的打印不了，就需要拆件打印，拆件打印是需要粘合的。粘合最好以点的方式涂抹胶水，用橡皮圈绑定，使两个接触面在粘合时接触的更紧密。

（6）补土　简单地说，补土就是填平沟壑，使模型表面变光滑如图 6-37 所示。补土可以填充细小缝隙，并紧密粘合在塑料模型上，打磨抛光后将获得更好的表面质量。此

外，补土还能让颜料更好地实现附着，提高后续上色效果。不过补土成本相对较高，一般应用在对表面质量要求比较高的模型手办上。

常用的补土工具有 AB 土、水补土和快速固化树脂等，一些生活中常见的材料也可作为补土，如牙膏、502 和爽身粉等。其中，水补土比较常用，其干燥速度快，且具有很高的附着力和硬度。

图 6-37　模型补土

（7）上色　除了使用全彩 3D 打印设备之外，其他大多数的 3D 打印设备一般只能打印单种颜色，若想要模型更加完美的话就需要进行后期上色，如图 6-38、图 6-39 所示。

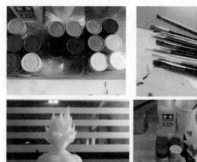

图 6-38　模型上色效果

常见的上色方式有：喷涂、刷涂、笔绘喷涂和刷涂，除了常见的喷漆，也有手板模型专用的喷笔和龟泵，喷笔适用于小型模型或模型精细部分的上色，龟泵适合上底漆。

图 6-39　色彩丰富的模型

项目7 综合训练

任务1 遥控器电池盖及支架的制作

一、任务内容与训练时长

1）任务内容：遥控器样件数据采集、再设计和 3D 打印。

2）训练时长：180min。

二、已知条件

1）统一提供 3D 扫描仪、3D 打印机及附属工具。

2）统一提供计算机，并安装有 3D One Plus 建模软件。

3）提供遥控器照片和样件。

三、遥控器使用说明

遥控器作为目前智能家电的一种，已被广泛地应用在日常生活中。在手机端打开智能家庭 APP，提示有设备连接，点击确定，进入下一个界面，确认连接遥控器，连接成功后，遥控器上的 LED 指示灯会变成蓝色，并停止闪动。设置完成后，就可以通过智能家庭 APP 控制智能家电了。

该遥控器上的其他按钮操作比较简单，且与普通的家用遥控器类似，可以通过安检控制电视的开关、音量调节、频道切换和返回等功能。遥控器样件照片如图 7-1 所示。

四、数据采集与再设计任务、要求、评分要点和提交物

1. 样件三维数据采集（25 分）

样件三维数据采集包括数据采集、采集的数据处理及三维检测两项内容。

图 7-1　遥控器样件照片

利用场地提供三维扫描装置和样件，高精度完成给定的遥控器样件的各面的三维扫描，并且对获得的点云进行相应取舍，剔除噪点和冗余点。

提交经过取舍后的点云电子文件（文件格式为"STL"）及原始扫描文件（文件格式为"ASC"），文件均命名为"学号-saomiao-yaokongqi"。将文件保存在给定 U 盘中，同时在计算机 D 盘根目录下备份一份，不准存放在其他位置。

三维数据采集分值指标分配如下：

指标	类型	分值	评分
遥控器正面	细节特征	10	
	圆角	3	
遥控器背面	细节特征	10	
	圆角	2	
合计		25	

注意：标志点处不作评分，未扫描处不能进行补缺。

2. 产品造型设计（25分）

产品造型设计包括造型设计和项目分析两项考核内容。

利用"1."中得到的扫描数据，完成遥控器的外观三维建模及误差分析。注意以下几点：

1）样件上的文字不做要求。

2）除已经说明或注明不做的特征外，其余需严格按照实际情况完成。

3）对于外观造型要求拆分合理，在公差范围内尽量平滑。

4）误差分析。对完成逆向造型的遥控器3D模型与原始3D扫描数据进行误差分析（上下极限偏差范围设置为±0.08mm）。使用Geomagic Control软件导入扫描输出的点云数据，导入"2."中造型好的CAD模型，与点云数据进行比对分析，输出质量检测报告。报告中应包含色谱分析、外观误差注释、图形比较和尺寸。

5）提交。需提交遥控器数字模型的建模原文件和"STP"格式文件，文件均命名为"学号-jianmo-waiguan"，检测报告"PDF"格式文件命名为"检测报告"。将文件保存在给定U盘中，同时在计算机D盘根目录下备份一份，不准存放在其他位置。

6）评分标准。 产品造型设计分值指标分配如下：

指标		分值	评分
外观造型	整体造型	7	
	过渡面特征	5	
	造型误差	3	
规则体建模	整体造型	6	
	过渡面特征	2	
	造型误差	2	
合计		25	

注：平均误差大于0.2mm不得分。

注意： 禁止使用整体拟合方式。

3. 产品创新设计（15分）

在生活中，遥控器的电池盖经过多次开合后，会发生松动，并且随意摆放遥控器极容易将其损坏，现需设计出遥控器的电池盖和遥控器支架，功能和形状不限，可适当改变现有电池盖形状，但配合部分的尺寸需要保证。

1）电池盖设计（图7-2）。

2）遥控器支架设计（图7-3）。

3）要求。功能结构合理，设计应符合人体工程学，及打印工艺。

4）提交。需提交三维创新设计Z1（原文件）和"STL"格式文件（整体装配图），电池盖和支架的文件分别命名为"学号-chuangxin-dcg"和"学号-chuangxin-zj"。将文件保存在给定U盘中，同时在计算机D盘根目录下备份一份，不准存放在其他位置。

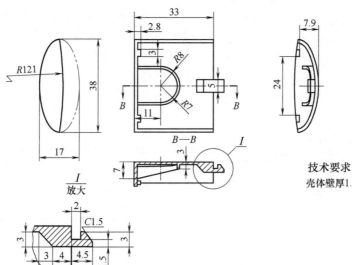

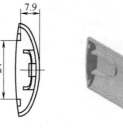

技术要求
壳体壁厚1.3。

图7-2 电池盖

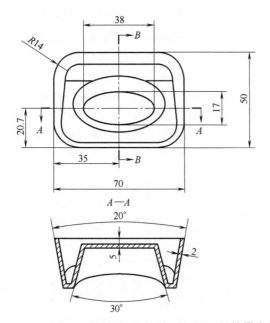

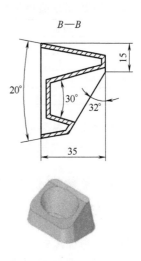

图 7-3 遥控器支架

5）标分标准。遥控器电池盖产品创新设计分值指标分配如下：

指标	分值	评分
外观创新设计	3	
细节特征创新设计	3	
人体工程学创新设计	3	
合计	9	

遥控器支架产品创新设计分值指标分配如下：

指标	分值	评分
外观创新设计	2	
细节特征创新设计	2	
人体工程学创新设计	2	
合计	6	

标分配如下：

指标	分值	评分
主体外观质量	7	
打印参数设置合理性	3	
模型放置位置合理性	3	
尺寸误差	3	
合计	16	

遥控器支架 3D 打印成形加工分值指标分配如下：

指标	分值	评分
主体外观质量	3	
打印参数设置合理性	2	
模型放置位置合理性	2	
尺寸误差	2	
合计	9	

4. 3D 打印成形加工（25 分）

根据"3."中的设计方案，结合场地提供的 3D 打印成形设备、配套的编程软件、加工材料等条件，进行遥控器的快速成形加工工艺设计，并编制其快速成形加工程序。

向 3D 打印成形设备输入造型设计阶段完成的加工程序，设置打印参数，按已经完成的程序及其要求，进行遥控器电池盖和支架的快速成形加工。

遥控器电池盖 3D 打印成形加工分值指

5. 3D 打印模型后处理（10 分）

对 3D 打印后的制件进行基本的后处理，包括剥离支撑材料、打磨、拼接和修补等。

遥控器电池盖后处理分值指标分配如下：

指标	分值	评分
表面后处理	2	
结构处后处理	2	
配合部位后处理	1	
合计	5	

遥控器支架后处理分值指标分配如下：

指标	分值	评分
表面后处理	2	
结构处后处理	2	
配合部位后处理	1	
合计	5	

注意：未去除支撑材料扣分15%，未打磨扣分20%，若存在其他缺陷可酌情扣分。

任务2　毛球修剪器保护罩及毛球仓的制作

一、任务内容与训练时长

1）任务内容：毛球修剪器数据采集、再设计与3D打印。

2）训练时长：180min。

二、已知条件

1）统一提供3D扫描仪、3D打印机及附属工具。

2）统一提供计算机，并安装有杰魔和3D One Plus建模软件。

3）提供毛球修剪器照片和样件（组合件视为一个整体）。

三、毛球修剪器使用说明

一些化纤类布料如服装、沙发和地毯等，在使用一段时间后，容易起球或起毛。毛球修剪器主要用于清除各类化纤布料上的毛球。图7-4所示为毛球修剪器样件照片。

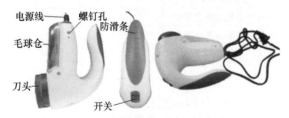

电源线　螺钉孔　防滑条　毛球仓　刀头　开关

图7-4　毛球修剪器样件照片

四、数据采集与再设计任务、要求、评分要点和提交物

1. 样件三维数据采集（25分）

样件三维数据采集包括数据采集、采集的数据处理及三维检测两项内容。

使用场地提供的三维扫描装置和样件，高精度地完成给定的毛球修剪器样件各面的三维扫描，并且对获得的点云进行相应取舍，剔除噪点和冗余点。提交经过取舍后的点云电子文件（文件格式为"STL"）及原始扫描文件（文件格式为"ASC"），文件均命名为"学号-saomiao-mqxjq"。将文件保存在给定U盘中，同时在计算机电脑D盘根目录下备份一份，不准存放在其他位置。

样件三维数据采集分值指标分配如下：

指标		分值	评分
毛球修剪器正面	自由曲面部分	10	
	细节特征及圆角	3	
毛球修剪器背面	自由曲面部分	10	
	细节特征及圆角	2	
合计		25	

注意：标志点处不作评分，未扫描处不能进行补缺。

2. 产品造型设计（25分）

产品造型设计包括造型设计和项目分析两项考核内容。

利用"1."中得到的扫描数据，完成毛球修剪器的外观三维建模及误差分析。注意以下几点：

1）图7-4中螺钉孔、开关和防滑条的特征可做简化处理，平滑即可，毛球仓位置应进行处理，使其与主体表面光顺连接。除已经说明或注明不做的特征外，其余需严格按照实际情况完成。

2）对于外观造型要求拆分合理，在公差范围内尽量平滑。

3）误差分析。对完成逆向造型的毛球修剪器3D模型与原始3D扫描数据进行误差分析（上下极限偏差范围设置为±0.08mm）；使用Geomagic Control软件导入扫描输出的点云数据，导入"2."中造型好的CAD模型，与点云数据进行3D和2D比对分析，输出质量检测报告。报告中应包含色谱分析、误差注释、产品的长宽尺寸和一些主要尺寸等。

4）提交。需提交毛球修剪器数字模型的建模原文件和"STP"格式文件，文件均命名为"学号-jianmo-waiguan"，检测报告"PDF"格式文件命名为"检测报告"。将文件保存在给定U盘中，同时在计算机D盘根目录下备份一份，不准存放在其他位置。

5) 评分标准。产品造型设计分值指标分配如下：

指标		分值	评分
外观造型	完整性合理	7	
	曲面合理拆分	5	
	造型误差	5	
规则体建模	完整性合理	4	
	建模合理	2	
	造型误差	2	
合计		25	

注：平均误差大于 0.2mm 不得分。

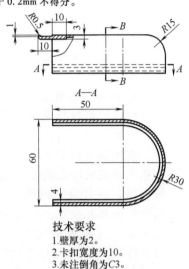

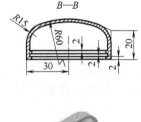

技术要求
1.壁厚为2。
2.卡扣宽度为10。
3.未注倒角为C3。

图 7-5 毛球仓

要求装配后毛球仓要与修剪器合为一体，毛球仓外形设计美观，结构合理，符合成形加工工艺。

2) 保护罩创新设计。为了防止灰尘或脏物进入毛球修剪器刀头内部，在其刀头网罩的外表面设计保护罩，便于保护刀头（图7-6）。

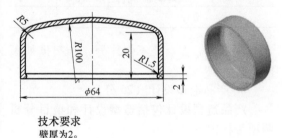

技术要求
壁厚为2。

图 7-6 保护罩

要求保护罩外形设计美观，结构合理，符合成形加工工艺；为避免滑落，且便于装卸，保护罩与毛球修剪器刀头网罩在径向为

注意：禁止使用整体拟合方式建模或逆推点云数据。

3. 产品创新设计（15分）

1) 毛球仓创新设计。不少客户反映，毛球修剪器在使用后，毛球仓容易损坏，并且容量比较小。根据客户反映的情况，请学生为毛球修剪器设计毛球仓（图7-5）。主要考核学生应用机械综合知识进行机械创新设计的能力。

间隙配合。

3) 提交。需提交三维创新设计 Z1（原文件）和"STL"格式文件（整体装配图），毛球仓和保护罩文件分别命名"学号-chuangxin-mqc"和"学号-chuangxin-bhz"。将文件保存在给定 U 盘中，同时在计算机 D 盘根目录下备份，不准存放在其他位置。

4) 评分标准产品创新设计分值指标分配如下：

指标	分值	评分
毛球仓创新设计	5	
保护罩创新设计	5	
结构合理	5	
合计	15	

4. 3D 打印成形加工（25分）

根据"3."中的设计方案，结合场地提供的 3D 打印成形设备、配套的编程软件、加工材料等条件，进行毛球仓和保护罩等制件的快速成形加工工艺设计，并编制其快速成形加工程序。

向3D打印成形设备输入造型设计阶段完成的加工程序，设置打印参数，按已经完成的程序及其要求，进行毛球仓和保护罩的快速成形加工。

3D打印成形加工分值指标分配如下：

指标类型	分值	评分
毛球仓外观质量	9	
保护罩外观质量	9	
装配尺寸	7	
合计	25	

5. 3D打印模型后处理（10分）

对3D打印后的制件进行基本的后处理，包括剥离支撑材料、打磨、拼接和修补等。装配时零件之间不应粘结。

3D打印模型后处理分值指标分配如下：

指标类型	分值	评分
毛球仓后处理	4	
保护罩后处理	4	
配合部位后处理	2	
合计	10	

注意：未去除支撑材料扣分15%，不打磨扣分20%，没有完整的内部构造扣分20%，若存在其他缺陷可酌情扣分。

任务3 花洒托架的制作

一、任务内容与时长

1）任务内容：手持花洒数据采集、再设计与3D打印。

2）训练时长：180min。

二、已知条件

1）统一提供3D扫描仪、3D打印机及附属工具。

2）统一提供计算机，并安装有3D One Plus建模软件。

3）提供手持花洒照片和样件（组合件视为一个整体）。

三、手持花洒使用说明

打开出水开关，水从喷头孔中喷出。通过操作该开关可以控制出水量以及水温。另外，通过调节旋钮开关可以改变出水孔的位

置，选择需要的淋浴效果。图7-7所示为手持花洒样件照片。

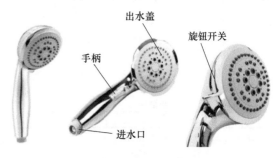

图7-7　手持花洒样件照片

四、数据采集与再设计任务、要求、评分要点和提交物

1. 样件三维数据采集（25分）

样件三维数据采集包括数据采集、采集的数据处理及三维检测两项内容。

使用场地提供的三维扫描装置和样件，高精度地完成给定的手持花洒样件各面的三维扫描，并且对获得的点云进行相应取舍，剔除噪点和冗余点。提交经过取舍后的点云电子文件（文件格式为"STL"）及原始扫描文件（文件格式为"ASC"），文件均命名为"学号-saomiao-huasa"。将文件保存在给定U盘中，同时在计算机D盘根目录下备份一份，不准存放在其他位置。

样件三维数据采集分值指标分配如下：

指标		分值	评分
手持花洒正面外观	自由曲面部分	7	
	规则体/细节特征	5.5	
手持花洒背面外观	自由曲面部分	7	
	规则体/细节特征	5.5	
合计		25	

注意：标志点处不作评分，未扫描处不能进行补缺。

2. 产品造型设计（25分）

产品造型设计包括造型设计和项目分析两项考核内容。

利用"1."中得到的扫描数据，完成手持花洒的外观三维建模及误差分析。注意以下几点：

1）图7-4中螺钉孔和开关上的条纹可做简化处理，平滑即可。除已经说明或注明不

做的特征外，其余需严格按照实际情况完成。

2）对于外观造型要求拆分合理，在公差范围内尽量平滑。

3）误差分析。对完成逆向造型的手持花洒 3D 模型与原始 3D 扫描数据进行误差分析（上下极限偏差范围设置为 ±0.08mm）；使用 Geomagic Control 软件导入扫描输出的点云数据，导入"2."中造型好的 CAD 模型，与点云数据进行比对，输出质量检测报告。报告中应包含色谱分析、外观误差注释、图形比较和尺寸等。

4）提交。需提交手持花洒数字模型的建模原文件和"STP"格式文件，文件均命名为"学号-jianmo-waiguan"，检测报告"PDF"格式文件命名为"检测报告"。将文件保存在给定 U 盘中，同时在计算机 D 盘根目录下备份一份，不准存放在其他位置。

5）评分标准。产品造型设计分值指标分配如下：

指标		分值	评分
大面造型	整体造型	6	
	过渡面特征	6	
	造型误差	2	
规则体建模	整体造型	7	
	过渡面特征	3	
	造型误差	1	
合计		25	

注：平均误差大于 0.2mm 不得分。

注意：禁止使用整体拟合方式。

3. 产品创新设计（15 分）

1）主体外加结构类创新设计

经过长期的使用，固定花洒的托架容易损坏，托架具有支撑和调节角度的作用，一旦损坏就会给使用者造成不便。现在需要针对这个问题完善花洒的托架设计。

① 设计花洒托架 A，和墙面固定时需考虑其强度（图 7-8）。

② 设计花洒托架 B，和 A 装配后具有支撑和调节角度的作用（图 7-9）。

2）要求。功能结构合理，设计应符合人体工程学及打印工艺。

3）提交。需提交三维创新设计原文件和"STP"格式文件（整体装配图），文件分别命名为"学号-chuangxin-hstjA"和

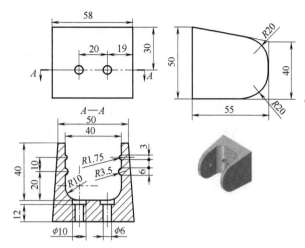

图 7-8 花洒托架 A

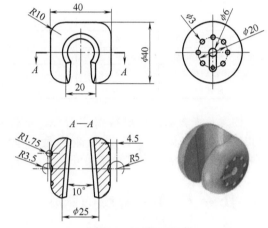

图 7-9 花洒托架 B

"学号-chuangxin-hstjB"。将文件保存在给定 U 盘中，同时在计算机 D 盘根目录下备份一份，不准存放在其他位置。

4）评分标准。产品创新设计分值指标分配如下：

指标	分值	评分
花洒托架 A 创新设计	6	
花洒托架 B 创新设计	6	
结构合理	3	
合计	15	

4. 3D 打印成形加工（25 分）

根据"3."中的设计方案，结合场地提供的 3D 打印成形设备、配套的编程软件和加工材料等条件，进行花洒托架 A 和花洒托架 B 的快速成形加工工艺设计，并编制其快

速成形加工程序。

向3D打印成形设备输入造型设计阶段完成的加工程序，设置打印参数，按已经完成的程序及其要求，进行花洒托架A和花洒托架B的快速成形加工。

3D打印成形加工分值指标分配如下：

指标	分值	评分
花洒托架A外观质量	9	
花洒托架B外观质量	9	
装配尺寸	7	
合计	25	

5. 3D打印模型后处理（10分）

对3D打印后的制件进行基本的后处理，包括剥离支撑材料、打磨、拼接和修补等。装配时零件之间不应粘结。

指标	分值	评分
花洒托架A后处理	4	
花洒托架B后处理	4	
配合部位后处理	2	
合计	10	

注意：未去除支撑材料扣分15%，不打磨扣分20%，没有完整的内部构造扣分20%，若存在其他缺陷可酌情扣分。

任务4　车灯基座的制作

一、任务内容与时间

1）任务内容：车灯外观数据采集、再设计与3D打印

2）训练时长：180min。

二、已知条件

1）统一提供3D扫描仪、3D打印机及附属工具。

2）统一提供计算机，并安装有杰魔和3D One Plus建模软件。

3）提供车灯照片和样件（组合件视为一个整体）。

三、车灯使用说明

车灯主要用于自行车夜间骑行。车灯通过基座安装位固定在自行车的车灯基座上。按下开关，灯珠发出光束，照亮自行车前方的道路。当灯珠亮度不够时，应及时打开电池仓，更换电池。图7-10所示为车灯样件照片。

图7-10　车灯样件照片

四、数据采集与再设计任务、要求、评分要点和提交物

1. 样件三维数据采集（25分）

样件三维数据采集包括数据采集、采集的数据处理及三维检测两项内容。

使用场地提供的三维扫描装置和样件，高精度地完成给定的车灯样件各面的三维扫描，并且对获得的点云进行相应取舍，剔除噪点和冗余点。提交经过取舍后的点云电子文件（文件格式为"STL"）及原始扫描文件（文件格式为"ASC"），文件均命名为"学号-saomiao-cd"。将文件保存在给定U盘中，同时在计算机D盘根目录下备份一份，不准存放在其他位置。

样件三维数据采集分值指标分配如下：

指标		分值	评分
车灯顶盖	自由曲面部分	10	
	细节特征及圆角	3	
车灯底盖	自由曲面部分	10	
	细节特征及圆角	2	
合计		25	

注意：标志点处不作评分，未扫描处不能进行补缺。

2. 产品造型设计（25分）

产品造型设计包括造型设计和项目分析两项考核内容。

利用"1."中得到的扫描数据，完成车灯的外观三维建模及误差分析。注意以下几点：

1）图7-10中螺钉孔和基座安装位的特征做简化处理，平滑即可，除已经说明或注明不做的特征外，其余需严格按照实际情况完成。

2）对于外观造型要求拆分合理，在公差范围内尽量平滑。

3）误差分析。对完成逆向造型的车灯3D模型与原始3D扫描数据进行误差分析（上下极限偏差范围设置为±0.08mm）；使用Geomagic Control软件导入扫描输出的点云数据，导入"2."中造型好的CAD模型，与点云数据进行3D和2D比对分析，输出质量检测报告。报告中应包含色谱分析、误差注释、产品的长宽尺寸和一些主要尺寸等。

4）提交。提交车灯数字模型的建模原文件（DX）和"STP"格式文件，文件均命名为"学号–jianmo–waiguan"，检测报告"PDF"格式文件命名为"检测报告"。将文件保存在给定U盘中，同时在计算机D盘根目录下备份一份，不准存放在其他位置。

5）评分标准。产品造型设计分值指标分配如下：

指标		分值	评分
车灯顶盖造型	完整性合理	7	
	曲面合理拆分	5	
	造型误差	5	
车灯底盖造型	完整性合理	4	
	曲面合理拆分	2	
	造型误差	2	
合计		25	

注：平均误差大于0.2mm不得分。

注意：禁止使用整体拟合方式建模或逆推点云数据。

3. 产品创新设计（15分）

1）车灯安装基座创新设计。夜间骑行时，为了方便观察路况，需要设计一个车灯基座，把车灯装在自行车把手上，且需具备可调节和定位功能。

① 车灯基座设计A（图7-11）。

② 车灯基座设计B（图7-12）。

2）要求外形设计美观，结构合理便于安装，符合成形加工工艺。

3）提交。需提交三维创新设计Z1（原文件）和"STL"格式文件（整体装配图），文件命名为"学号–chuangxin-cdjzA"和"学号–chuangxin-cdjzB"。将文件保存在给定U盘中，同时在计算机D盘根目录下备份一份，不准存放在其他位置。

4）评分标准。分值指标分配如下：

指标	分值	评分
车灯基座A创新设计	6	
车灯基座B创新设计	6	
结构合理	3	
合计	15	

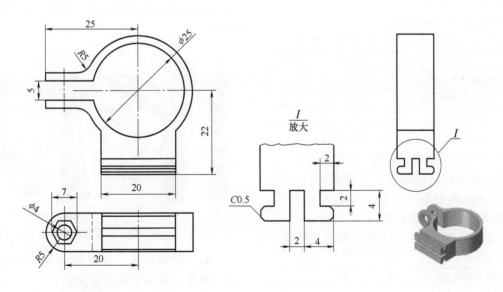

技术要求
1.壁厚为2。
2.六角螺母槽深0.5。

图7-11 车灯基座A

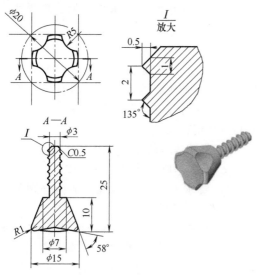

图7-12　车灯基座B

4. 3D打印成形加工（25分）

根据"3."中的设计方案，结合场地提供的3D打印成形设备、配套的编程软件、加工材料等条件，进行车灯基座制件的快速成形加工工艺设计，并编制其快速成形加工程序。

向3D打印成形设备输入造型设计阶段完成的加工程序，设置打印参数，按已经完成的程序及其要求，进行车灯基座A和车灯基座B制件的快速成形加工。

3D打印成形加工分值指标分配如下：

指标	分值	评分
车灯基座A外观质量	9	
车灯基座B外观质量	9	
装配尺寸	7	
合计	25	

5. 3D打印模型后处理（10分）

对3D打印后的制件进行基本的后处理，包括剥离支撑材料、打磨、拼接和修补等。装配时零件之间不应粘结。

3D打印模型后处理分值指标分配如下：

指标类型	分值	评分
车灯基座A后处理	4	
车灯基座B后处理	4	
配合部位后处理	2	
合计	10	

注意：未去除支撑材料扣分15%，不打

磨扣分20%，没有完整的内部构造扣分20%，若存在其他缺陷可酌情扣分。

任务5　水枪扳机及进水口接头的制作

一、任务内容与时长

1）任务内容：水枪数据采集，配合件的再设计及3D打印。

2）训练时长：180min。

二、已知条件

1）统一提供3D扫描仪、3D打印机及附属工具。

2）统一提供计算机，并安装有3D One Plus建模软件以及数据采集、逆向设计和3D打印等相关软件。

3）提供水枪照片和样件（组合件视为一个整体）。

三、水枪使用说明

水枪通过接头与水龙头的水管相连，水枪可根据不同的场合更换不同的喷头。当使用者扣动扳机打开阀门，水就从以喷枪的喷口中喷出。对喷头进行调节，就可以冲洗汽车或浇花。当需要水枪停止喷水时，使用者可松开扳机关闭阀门。图7-13所示为水枪样件照片。

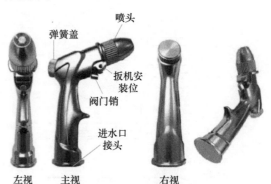

图7-13　水枪样件照片

四、数据采集、再设计以及3D打印任务、要求、评分要点和提交物

1. 三维数据采集与处理（25分）

样件三维数据采集包括数据采集、采集数据处理。

使用场地提供的三维扫描装置和样件，

高精度地完成给定的水枪样件各面的三维扫描，并且对获得的点云进行相应取舍，剔除噪点和冗余点。提交经过取舍后的点云电子文件（文件格式为"STL"）及原始扫描文件（文件格式为"ASC"），文件均命名为"学号-saomiao-shuiqiang"。将文件保存在给定U盘中，同时在计算机D盘根目录下备份一份，不准存放在其他位置。

样件三维数据采集分值指标分配如下：

指标		分值	评分
水枪正大面	自由曲面部分	7	
	规则体/细节特征	5.5	
水枪背大面	自由曲面部分	7	
	规则体/细节特征	5.5	
合计		25	

注意：标志点处不作评分，没扫描地方不能进行补缺。

2. 产品造型设计（25分）

利用"1."中得到的扫描数据，完成水枪的外观三维建模及误差分析。注意以下几点：

1）图7-13中弹簧盖和喷头上的条纹可做简化处理，平滑即可。

2）除已经说明或注明不做的特征外，其余需严格按照实际情况完成。

3）对于外观造型要求拆分合理，在公差范围内尽量平滑。

4）误差分析。对完成逆向造型的水枪3D模型与原始3D扫描数据进行误差分析（上下极限偏差范围设置为±0.08mm）；使用Geomagic Control软件导入扫描输出的点云数据，导入"2."造型好的CAD模型，与点云数据进行比对，输出质量检测报告。报告中应包含色谱分析、外观误差注释、图形比较和尺寸等。

5）提交。需提交水枪数字模型的建模原文件和"STP"格式文件，文件均命名为"学号-jianmo-waiguan"。将文件保存在给定U盘中，同时在计算机D盘根目录下备份一份，不准存放在其他位置。

6）评分标准。产品造型设计分值指标分配如下：

指标		分值	评分
大面造型	整体造型	6	
	过渡面特征	6	
	造型误差	2	
规则体建模	整体造型	7	
	过渡面特征	3	
	造型误差	1	
合计		25	

注：平均误差大于0.2mm不得分。

注意：禁止使用整体拟合方式。

3. 产品创新正向设计（15分）

1）主体其他结构类创新设计

经过长期的使用，水枪的扳机部分损坏脱落；目前进水口接头只能与一种水管型号相配合，但实际使用的水管型号不一，会造成安装不便。现在需要针对这两个问题完善水枪的设计：

① 水枪的扳机设计（图7-14）。

② 进水口接头设计（图7-15）需设计成能安装两种型号水管的接头，水管大小不作定义。

2）要求。功能结构合理，设计符合人体工程学和打印工艺。

3）提交。三维创新设计Z1（原文件）和"STL"格式文件（整体装配图），文件分别命名为"学号-chuangxin-banji"和"学号-chuangin-jietou"，将文件保存在给定U盘中，同时在计算机D盘根目录下备份一份，不准存放在其他位置。

4）评分标准。产品创新设计分值指标分配如下：

指标	分值	评分
扳机创新设计	6	
进水口接头创新设计	6	
结构合理	3	
合计	15	

4. 3D打印成形准备与加工（25分）

根据"3."中的设计方案，结合场地提供的3D打印成形设备、配套的编程软件和加工材料等条件，进行扳机和进水口接头等制件的快速成形加工工艺设计，并编制其3D打印成形加工程序。

向3D打印成形设备输入造型设计阶段完成的加工程序，设置打印参数，按考生已

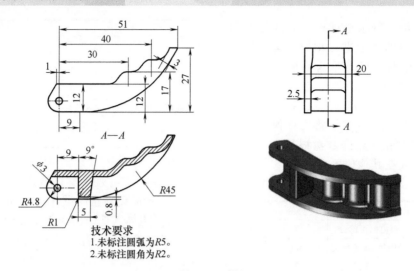

图 7-14　扳机

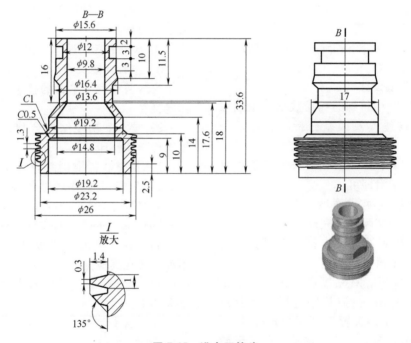

图 7-15　进水口接头

经完成的程序及其要求，进行扳机和进水口接头等制件的 3D 打印成形加工。

分值指标分配如下：

指标类型	分值	评分
扳机外观质量	9	
进水口接头外观质量	9	
装配尺寸	7	
合计	25	

5. 3D 打印模型后处理（10 分）

对 3D 打印后的制件进行基本的后处理，包括剥离支撑材料、打磨、拼接和修补等。装配时零件之间不应粘结。

指标类型	分值	评分
扳机后处理	4	
进水口接头后处理	4	
配合部位后处理	2	
合计	10	

注意：未去除支撑材料扣分 15%，不打磨扣分 20%，没有完整的内部构造扣分 20%，若存在其他缺陷可酌情扣分。

参考文献

［1］ 魏青松. 增材制造技术原理及应用［M］. 北京：科学出版社，2017.
［2］ 王永信. 快速成型及真空注型技术与应用［M］. 西安：西安交通大学出版社，2014.